KB268756

아이가 즐거운 **가족 캠핑의 모든 것**

아빠, 캠핑 가요!

손장군, 김정은 지음

아이들이 자연과 소통하는 동안
어른은 아이와 교감하는 법을 배웁니다

"캠핑 가면 아이들과 뭐 하고 놀아요?"라는 질문을 참 많이 받습니다.

지난 캠핑에선 무얼 했었는지 카메라를 켜고 사진을 넘겨봅니다. 신나게 달리고 흙을 만지고 물장난을 하는 아이들 사진이 대부분입니다. 아이들이 큰 다음 추억을 찾아 들를 곳을 만들고자 시작했던 블로그에 어느덧 수백 번의 캠핑 사진들이 담겼네요.

지난 7년 동안 캠핑을 다니며 배운 게 있다면 '아이들과의 시간에는 결국 특별함은 중요하지 않다'는 것입니다. 무엇을 하느냐보다 어떻게 하느냐가 중요하고, 훗날 아이들에게 캠핑에서 함께한 시간들이 세상을 살아가는 힘이 되어주기를 바랄 뿐입니다.

한 번은 자연휴양림에 묵게 되었는데 큰아이가 "나는 아빠랑 텐트 치고 잘 거야." 하는 겁니다. 엄마가 아니라 아빠랑이라니! 텐트에서 자고 싶다니! 엄마 없이 떠났던 캠핑에서는 작은아이를 부둥켜안고 잤습니다. 그날 밤 아이의 향기를 잊지 못합니다. 캠핑에 투자했던 긴 시간의 결과 이렇게 뿌듯한 수익을 얻은 것입니다.

캠핑. 아빠로서 참 잘한 선택이라는 생각이 듭니다. 이 아이들도 곧 사춘기가 되고 어른이 되어갈 테니 이제 함께할 시간이 그리 많이 남지 않았지요. 아직도 아이들과 해보고 싶은 것들이 많아 조급한 마음에 매주 짐을 챙겨 자연으로 나갑니다.

금요일이면 납치되듯 차에 실려 캠핑장으로 향했던 두 아들, 매주 엄청난 양의 짐을 싸야 했던 아내에게 많이 고맙습니다. 우리 가족, '캠핑패밀리'의 여행이 오래도록 계속되기를 바라며 이 책에 함께한 많은 분들께 감사의 인사를 전합니다.

손장군

아름다운 자연과 계절의
변화를 있는 그대로 느낄 수 있다는

것은 캠핑이 저에게 주는 큰 선물입니다. 주말마다 아이들과 함께 무거운 짐을 싣고 밖으로 나가는 것도 자연과 함께 진정한 휴식을 취하고 싶어서입니다.

캠핑을 시작한 지 올해로 7년이 되었네요. 그동안 아이들은 자연과 많이 친해졌습니다. 저를 닮아 요리를 좋아하는 딸아이는 어느새 쑥과 진달래를 따다가 부침개를 만들 줄도 알게 되었어요. 지난여름에 봤던 뽕잎의 생김새와 촉감을 기억하고 그 작은 손으로 능숙하게 잎사귀를 골라냅니다. 캠핑을 하지 않았다면 상상조차 할 수 없는 일이지요.

자연을 벗 삼아 놀아본 아이는 세상을 바라보는 시선이 분명 다를 거라 생각합니다. 남을 좀 더 배려하고 여유롭게 대처할 줄 알게 되겠지요.

요즘 우리 가족은 캠핑장에 둘러앉아 함께 요리하는 시간이 부쩍 늘었습니다. 요리는 아이들에게 무한 상상을 자극하는 놀이가 됩니다. 요리를 하면서 아이들의 시시콜콜한 이야기를 듣는 시간도 제겐 큰 행복이에요. 아빠도 모처럼 요리 솜씨를 뽐내며 아이들과 달콤한 추억을 쌓아갑니다.

캠핑을 너무 거창하게 생각하지 말고 가족과 함께 시간을 공유하는 것에 의미를 두고 시작해보세요. 약간의 수고로움이 필요하겠지만 자연이 우리에게 주는 선물에 비할 바가 아니랍니다.

김정은

PART 1

내 아이를 캠핑에 초대합니다!

아빠와 캠핑 시작하기 캠핑 입문 편

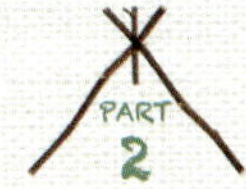

🍃 가을

🍃 겨울

내 아이를 캠핑에 초대합니다!

아빠와 캠핑 시작하기

캠핑 입문 편

캠핑은 자연의 선물이다

아이는 자연을 있는 그대로 흡수한다

캠핑은 자연 속에 집을 짓고 밥을 해 먹고 쉬기도 하는 일상적인 의식주 생활을 하는 것과 동시에, 흙과 가장 가까운 곳에서 땅의 정기를 받고 숲의 공기도 직접 느낄 수 있는 야외 활동이다. 일상생활이 삭막하게 집과 직장, 그 주변이라는 한정된 공간에 얽매어 있었다면 그런 모든 공간이 어우러져 자유스러움을 느낄 수 있는 곳이 바로 캠핑하는 장소, 캠핑장인 것이다.

캠핑이 어른에게 낭만과 일상 탈출의 자유를 선물한다면 아이에게는 자연을 통째로 흡수할 수 있는 기회를 선물한다. 요즘 아이들의 일상은 우리 세대와는 또 다름을 느낀다. 아이들 삶의 많은 부분이 어른들의 '일상적인 지루한 삶의 반복'을 답습하는 것 같아 안타까울 때가 많다. 이런 아이들에게 자연을 만날 수 있는 기회를 선물하는 것이 바로 '캠핑'인 것이다.

놀이터인 동시에 학습장인 캠핑장에서는 시키지 않아도 열심히 놀고 열심히 공부한다. 캠핑 초기, 우리 집 아이들에게 아무것도 손에 쥐여주지 않

가평 푸름유원지오토캠핑장

고 "놀아."라고 했을 때 아이들의 첫마디는 "뭐 하고 놀아?"였다.

　아무런 도움도 없이, 도구도 없이, 놀거리가 정해져 있지 않은 상태에서의 '놀기'에는 익숙하지 않을뿐더러, 아직 자연에 대한 마음이 열려 있지 않은 상태이기 때문에 부모의 간섭이 아닌 안내자로서의 역할이 필요해 보였다.

　캠핑에 있어서 아이를 이끄는 안내자가 하는 일은 따뜻하게 손잡고 캠핑장 주위를 산책하며 자연의 모습을 보여주는 것이다. 많은 설명은 필요하지 않다. 그냥 신기한 벌레도 보여주고, 개미가 많이 모여 있는 곳을 알려주고, 나무 계단 사이로 자리를 잡은 민들레도 보여주고, 뱀딸기나 오디를 따서 손에 놓아주면 된다. 모든 것이 신기한 것투성이임을 알게 될 때 스스로 찾아서 궁금증을 가지고 새로운 세상을 맛보게 되는 것이다.

　우리 집 아이들은 캠핑을 하기 이전에 숲을 보면 그냥 '나무'라고 생각했

화천 평화의댐오토캠핑장

원주 치악산금대야영장

다면 이제는 숲 속의 참나무와 참나무 아래 떨어져 있는 도토리, 다람쥐를 떠올린다. 또 민들레 홀씨가 날아가고, 세찬 바람에 꽃들이 다 떨어지면 어쩌나 걱정한다. 열심히 먹이를 나르는 개미와 벌들은 밤에 어디에서 자는지도 궁금해한다. 여름이 한철인 매미는 모두 죽었을까? 많은 생각이 머릿속을 가득 채운다.

학교에서는 배울 수 없는 사고의 확장을 경험할 수 있는 순간인 것이다.

아이들이 가지는 자연에 대한 관심은 세밀한 관찰력으로 발전하고, 캠핑을 통해서 잘 다듬어지고 훈련된 관찰력은 점점 어려워지는 공부를 할 때도, 힘든 사회생활을 할 때도 큰 도움이 될 것임을 의심하지 않는다.

오감을 열어주는 캠핑

TV나 컴퓨터 게임들에 가려져 있던 아이의 오감은 자연과 만날 때 드디어 열리게 된다. 컴퓨터 게임에서 듣는 자극적이고 날카로운 기계음보다 물소리, 새소리가 더 신기하게 들리고, 화려한 TV의 화면보다 땅에 기어 다니는 조그마한 벌레나 나무에 달려 있는 열매 하나가 더 신기하게 보이는 때가 바로 그때다.

텐트 위로 떨어지는 빗소리, 풀벌레 소리가 음악 소리보다 더 흥겹게 느껴지고, 숲 속 피톤치드 향기에 취할 줄도 아는 때가 바로 그때다. 그래서 굳이 부모가 어떤 설명을 하지 않아도 캠핑의 시간을 가지는 것만으로도 아이는 충분히 값진 경험을 갖게 된다.

경기도 팔현캠프에서 캠핑하던 어느 겨울이었다. 신년을 맞이해서 눈이 온다는 일기예보도 있었고 눈싸움이나 실컷 하자며 떠난 캠핑이었다. 낮에

덕유산오토캠핑장

는 눈이 오지 않아 혹시 밤사이에 눈이 오려나, 내일 아침이면 눈이 쌓일 것을 기대하고 잠자리에 들었다. 밤은 어둡고, 또 고요했다. 숲의 정기만이 숨 쉬는 밤. 이웃 캠퍼도 저기 아랫동네에 계신 터라 우리 텐트 주위는 매우 조용했다. 아이들을 먼저 재우려 침낭 속으로 들어가 작은아이를 꼭 껴안고 잠에 빠져들려는 순간 아이가 졸린 목소리로 말했다.

"아빠, 밖에 눈이 오는 것 같아."

"응? 글쎄, 눈이 오나?" 생각 없이 말대꾸만 해주었다. 눈이 오는지 내다보기에는 몹시 추웠다.

"응, 눈이 오는 소리가 들려."

"에이…… 눈이 오는 소리가 어디 있어? 비처럼 소리 내서 오지 않는데?" 아이가 잠결에 그런 소리를 하나 생각했다.

"아냐, 아빠 잘 들어봐."

숨소리도 죽이고, 행여나 눈도 깜빡이지 않고 귀를 기울였다. 잠시 침묵 뒤 나는 짧은 탄성을 냈다. 정말 눈이 오는 소리를 들을 수 있었다. 별도 달도 잠든 고요한 밤. 텐트 위로 떨어지는 눈이 톡, 톡, 톡 아주 조그마한 소리를 내는 것이었다. 그날 밤은 추워서 더 밝고 깨끗하게 느껴지는 밤하늘의 별보다 아이가 더 예쁘게 보였다.

"나도 듣지 못하는 소리를 너는 듣는구나."

아침에 텐트 문을 열고 나가면 당연히 아이들의 발자국이 눈 위에 처음으로 찍힌다. 도시에서 누군가에 의해 벌써 치워져 있을 발자국을 캠핑장에서는 제일 처음 남길 수 있다. 아이들의 기분이 어떨지는 물어보지 않아도 표정만으로 알 수 있다.

자신이 남긴 발자국을 계속 뒤돌아본다. 자기를 따라오는 발자국을 흐뭇하게 바라보면서.

"내 발자국이 이렇게 컸나?"

"그럼, 넌 아빠에게는 언제나 큰 아이란다."

자연과 친해질 기회를 많이 만들자

새소리를 들으며 아침잠을 깬 적이 있는지? 저녁에 풀벌레 소리를 들으며 잠을 청한 적이 있는지? 캠핑장에서는 이 모든 것이 매우 자연스러운 일이다.

아이의 경우 야외에서 잠을 자는 것이 신나는 일이기도 하지만 집에서처럼 조용하지 않으니 매우 낯설어하거나 불안해하는 경우도 있다. 이런 경우에는 자연에게 말을 걸어보게 하자. "새들이 우리를 깨워주네.""귀뚜라미가 잘 자래." 아침을 깨우는 새소리는 아이에게 알람 소리와 같고, 저녁에 들리는 풀벌레 소리는 자장가와도 같다.

아이에게 자연 속 동물들과 친해질 기회를 제공하면 자연스럽게 낯선 환경을 받아들일 수 있는 계기가 된다. 특히 살아 있는 동물들과의 교감을 통해 동물들이 무섭고 두려운 존재가 아닌 좋은 친구가 될 수 있음을 알게 되면 공포에서 벗어나 정서적 안정감을 느낄 수 있을 것이다.

자연환경이 좋은 캠핑장에 갔다면 아이의 손을 잡고 한번 둘러보자.

"우리 친구들 찾으러 가자."

찾기 쉬운 개미, 나비, 무당벌레, 매미, 메뚜기, 귀뚜라미도 반갑고, 하늘소, 도롱뇽, 반딧불이를 만나는 날은 매우 운이 좋은 날로 기억할 것이다. 자연을 이해하게 되면 사랑하는 마음이 의도하지 않아도 생겨나지 않을까.

경기영어마을파주캠프오토캠핑장

평창 대관령양떼목장

양양 연어잡이

정선 졸드루야영장

안성승마오토캠핑장

근래에는 캠핑장 내에 여러 가지 동물들을 키워서 아이들이 먹이를 주거나 쓰다듬어줄 수 있는 환경을 제공하는 곳도 있다. 만약 그런 환경이 아니라면 캠핑장 주변을 나서보자. 여러 가지 생물들과 친해질 수 있는 박물관이나 전시관에 대한 정보를 미리 알고 떠나면 시간을 잘 활용할 수 있다.

집으로 돌아와 책이나 인터넷 검색 등을 통해 만났던 동물들의 생태에 대해 읽어보는 것도 좋은 공부가 될 것이다.

그리고 캠핑장 주변 지역의 지방자치단체에서 준비하는 다양한 축제나 체험 거리에 대한 정보를 인터넷이나 다른 매체에서 미리 검색하여 떠난다면 아이의 기억에 남는 풍요로운 캠핑을 할 수 있을 것이다.

아이와 함께
본격적인 캠핑 시작하기

부모가 캠퍼(camper)면 아이도 캠퍼다. 아이와 함께 캠핑을 하기로 마음 먹었다면 떠나기 전부터 아이에게 어떤 임무를 맡길지 생각해두도록 한다. 현장에서 특별 임무를 부여받은 우리 집 아이들은 제법 진지하게 자기 역할을 수행해낸다. 무엇이든 척척 해내는 아빠처럼 자기들도 무언가 해냈다는 성취감이 큰 모양이다. 텐트를 치고 모닥불을 지피고 요리도 해보면서 어느덧 늠름한 캠퍼가 되어간다.

텐트 치기

캠핑장에 도착해 가장 먼저 하는 일은 텐트 치기다. 캠핑 기간 동안 우리 가족이 거주할 공간을 확보하고 집을 짓는 작업이기 때문에 가장 중요한 과정이라고 할 수 있다. 아빠 혼자 텐트를 치느라 땀을 뻘뻘 흘리기보다는 아이를 동참시켜 캠핑의 첫 과정부터 배우고 느끼게 하라고 권하고 싶다. 금

강릉 소금강자동차야영장　　　　　　　　제주 서귀포자연휴양림

요일 퇴근 후 밤늦은 시간 캠핑지에 도착하는 경우가 아니라면 텐트 설치부터 캠핑이 끝나고 철수하는 작업까지 아이와 함께하도록 하자.

아이와 함께한 후엔 반드시 격려해주는 것도 잊지 않는다. 서툴고 어설프기 짝이 없는 솜씨지만 아빠를 도와줘서 고맙다는 이야기를 전하고, 협동해서 지어놓은 텐트 앞에서 멋지게 하이파이브도 한다. 텐트를 설치하는 데 한몫했다는 뿌듯함에 아이는 오래도록 이 시간을 기억할 것이다.

아이와 함께 텐트를 칠 때는 텐트를 설치하는 과정 자체에 목적을 두어서는 안 된다. 스스로 무언가를 이루며 캠핑에 적극적으로 동참하게 함과 동시에 추억을 남기도록 하는 것이 중요하므로 다음의 몇 가지를 기억해두었으면 한다.

- 아이에게 이렇게 해라, 저렇게 해라, 지시하지 말자. 함께 이루어가는 공동 작업임을 인정할 것!
- 텐트를 쳐본 경험이 있는 아이라면 주도적으로 설치하게 하고 아빠는 옆에서 보조 역할을 맡아보자.

- 서투르고 느리더라도 충분히 시간을 주고 기다린다. 텐트를 설치해가는 단계마다 아이가 성취감을 느낄 수 있도록 칭찬해주자.

- 각 단계별로 이 과정이 왜 필요한지 설명해주고, 다음 단계에는 무엇을 하게 될지 미리 알려주어 아이가 어려움을 느끼거나 흥미를 잃지 않도록 한다.

그라운드시트 깔기

　그라운드시트는 텐트를 치기 전 바닥에 까는 천으로, 바닥으로부터 올라오는 습기를 막아주는 역할을 한다. 널찍한 시트의 네 귀퉁이를 잡고 평평하게 깔아야 하므로 아이의 도움이 꼭 필요하다. 이때 땅을 고르는 방법, 비가 올 때 물길을 내는 방법 등도 함께 일러준다. 비가 오는 날 텐트를 잘못 설치해 낭패를 겪었던 아빠의 에피소드를 들려주면 재미있는 이야깃거리도 되거니와 '비 오는 날 텐트 치기' 이상의 좋은 매뉴얼이 된다.

 텐트의 뼈대가 되는 폴을 연결하는 것은 마치 블록을 맞추는 것과 비슷해 아이들이 재미있어한다. 한창 블록이나 만들기 장난감을 가지고 놀 나이여서 오히려 아빠나 엄마보다 더 능숙한 솜씨를 발휘하기도 한다.

 텐트의 종류에 따라 폴을 연결하는 방법이 까다롭거나 폴이 굉장히 길고 무거워 어려운 경우가 있다. 형제가 있다면 협동해서 해보도록 하고 아닌 경우 아빠가 함께하도록 한다. 연결된 폴을 이리저리 옮기다가 지나가는 사람을 다치게 하거나 걸려 넘어질 수도 있으므로 주의사항을 일러준다.

 이제 본격적으로 텐트의 형태가 갖춰지는 단계다. 텐트에 폴을 연결하는데, 이때 대부분의 아이들은 가장 힘들어한다. 특히 이너텐트(안쪽 방이 되는 텐트)와 거실이 되는 공간이 분리된 큰 사이즈의 경우에는 훨씬 복잡하다. 아빠와 함께 설명서를 보면서 차근차근 설치하도록 하고, 혹시 폴을 잘못 끼우거나 중간에 폴이 빠져 다시 하게 되더라도 포기하지 말고 참을성 있게 마무리하는 법을 배울 수 있도록 도와주자.

팩 박기

텐트를 완성한 후 땅에 고정시키는 작업이다. 우리 집 아이들의 경우 팩 박는 단계를 가장 좋아한다. 팩을 망치로 두드려 땅에 박는 것이 재미있는 모양이다. 힘도 어찌나 센지 내가 박은 것 못지않게 제법 잘 박는다. 단, 항상 손이나 발을 다치지 않도록 주의를 준다.

한번은 아이와 함께 팩을 박다가 혹시 바람이 세게 불어 박아놓은 팩이

휙~ 빠지면 어떻게 될까 물은 적이 있다.

아이 말이, "도로시(〈오즈의 마법사〉에 나오는 주인공)가 토네이도에 휘말려 날아갔던 것처럼 우리도 텐트 타고 날아가면 되지!"란다. 아이 머릿속에선 텐트가 비행기가 됐다 배가 됐다 도로시의 집이 되기도 한다. 특히 캠핑지에서는 이런 아이의 상상력이 무한대가 되는 것 같다. 일상에서도 상상 속 세계에서처럼 풍부한 영감을 지니고 자랄 수 있게 해주고 싶은데, 참 마음 같지가 않아 늘 안타깝다.

잠시 다른 이야기를 했는데 다시 팩 박기로 돌아와, 팩을 박을 때는 땅과 비스듬한 각도로 박아야 한다는 것을 일러준다. 바람이 불어 팩이 빠지면서 텐트가 날아가는 날이면 현실은 절대 아이의 상상처럼 유쾌하지 않기 때문이다. 비바람 속에서 텐트를 다시 지어야 하는 일이 생길 수도 있고 자칫 아찔하게 위험한 상황에 직면할 수도 있다.

타프 치기

타프는 쉽게 말해 그늘막이다. 낮에는 시원한 그늘을 만들어 햇빛을 가려주고 밤에는 이슬로부터 장비를 지켜준다. 캠핑 내내 편안하게 그늘 아래 앉아 있고 싶다면 아이의 도움을 받아 타프를 설치하도록 하자.

해가 드는 방향과 해가 지는 방향을 고려해서 타프의 각도를 어떻게 해야 할지 등을 이야기해보면 아이의 사고력이 얼마나 자랐는지도 새삼 느낄 수 있다.

타프 스트링 팩 박기

타프를 고정시키기 위해서는 스트링 팩을 박아야 한다. 스트링 팩의 위치를 선정할 때는 제법 과학적인 원리를 적용해야 한다. 타프의 폴을 세우기 위해서는 어떻게 해야 하는지 아이와 함께 궁리해본다. 양쪽에서 알맞은 각도로 당겨 설치하는 단계에서는 협동 작업의 묘미를 자연스럽게 배울 수 있다. 팩에 연결하는 줄을 단단하게 고정시켜야 바람에 펄럭이지 않는다는 것도 잊지 말자.

완성

드디어 집을 다 지었다. 텐트 치기가 끝나고 의자를 펴 각자 자리를 잡고 앉은 후엔 멋지게 아빠를 도와 텐트를 완성한 아이에게 시원한 음료수 한잔을 건네며 칭찬해주도록 하자. 앞으로 좋은 캠핑 파트너가 될 것을 다짐하는 순간이기도 하다.

아이나 어른이나 캠핑의 낭만을 이야기할 때 '모닥불'을 빼놓을 수 없다. 모닥불은 보통 화로에 지피는데, 땔감을 마련하는 것은 아이들이 즐겨하는 일이다. 캠핑장마다 장작을 판매하지만 캠퍼라면 한 번쯤은 캠핑장 주변의 떨어진 나뭇가지를 주워와 불을 피우는 즐거움을 누려봐야 한다.

아이들에게 작은 봉투를 하나씩 들려 보내 솔방울이나 잔가지들을 주워 오게 하면 누가 많이 줍나 내기를 하듯 열심히 임무를 완수한다. 땔감을 구해오지 못하면 모닥불을 피울 수 없다고 하면 더 열심히 찾아온다. 오늘의 하이라이트, 모닥불의 핵심 임무를 담당했다고 믿는 것이다. 아이들의 순수함 앞에 자꾸 웃음이 나니 내게 캠핑은 이렇게 작은 과정 하나하나가 소중한 활동이라고 강조할 수밖에 없다.

화로에 불을 피울 때는 반드시 안전 수칙을 일러주어야 한다. 불을 피울 때는 장작을 다루는 데 필요한 도끼나 톱 등의 도구를 사용하기 때문에 이런 도구는 아빠만 사용할 수 있으며 아이들이 장비를 만질 경우 얼마나 위험천만한 결과를 가져올 수 있는지 강조하고 또 강조하도록 한다. 단, 고학년 아이일 경 우 장작을 자르는 톱질을 해보고 싶어 하면 평소 아이의 성향(침착성, 섬세함 등)을 살펴 어른의 도움을 받아 해볼 기회를 주는 것도 좋다는 생각이다.

불을 피울 때 또 한 가지 기억할 점은 장작이 잘 말랐는가를 살피는 것이다. 장작이 바짝 마른 상태가 아니라면 불을 피우기가 쉽지 않다. 이럴 때는 장작을 미리 펼쳐두어 습기를 말린 후 사용하도록 한다. 습기 있는 장작을 태우면 불이 잘 붙지 않을 뿐 아니라 연기가 많이 발생해 괴로워진다.

화로에 불을 지폈으면 긴 꼬챙이에 옥수수나 소시지, 마시멜로 등을 꽂아

구워보자. 아이들에게는 큰 재밋거리여서 이 시간을 기다리고 또 기다린다. 불에 너무 다가가거나 꼬챙이를 잘못 사용해 다치지 않도록 어른이 옆에서 지켜보는 것이 좋다.

요리하기

캠핑장에서는 식사 준비도 아빠와 아이의 몫으로 정해보자. 남편과 아이를 챙기느라 평소 1인 3역쯤 거뜬히 해내야 하는 엄마에겐 휴식의 시간이 절대적으로 필요하다. 쌀을 씻고 재료를 준비하는 과정에 아이를 참여시키면 의외로 참 재미있어한다. 캠핑을 계기로 집에서는 한 번도 해보지 않았던 요리에 입문하게 되는 것이다. 캠핑장에서만 맛볼 수 있는 아빠표 라면은 아이가 두고두고 기억하는 즐거운 이야깃거리가 된다.

캠핑을 떠나 야외에서 먹는 음식은 뭐든 맛있다. 장작을 이용한 바비큐나 자연의 재료를 활용해 향수를 불러일으키는 요리와 같이 평소에 잘 해 먹지 못했던 요리도 마음 놓고 만들 수 있으니 캠핑장의 요리 시간은 캠핑의 '꽃'이라 불린다. 아이들도 이번 캠핑에선 어떤 별미 요리를 맛보게 될까 기대할 정도. 요즘은 장비가 워낙 좋아져 야외에서도 어떤 요리든 가능하다. 석쇠에 올려 고기만 구워 먹어도 맛있지만 이왕이면 한껏 기분을 내 캠핑 분위기를 돋워줄 근사한 요리에도 도전해보자. 감성 캠퍼가 되어보는 것도 낭만적이니까.

특히 캠핑장 주변에서 아이와 함께 쑥이나 진달래, 뽕잎 등을 따다가 요리를 만들거나 그 지역의 재래시장에 들러 산지의 고유 재료를 구해 요리를 해볼 것을 권하고 싶다. 엄마 아빠에게는 어린 시절을 추억하는 시간이 되

고, 아이는 자연을 온전히 느낄 수 있어 좋다.

양념 가방 속 비밀 무기

어떤 요리를 할 것인지 정하고 필요한 양념을 종류별로 나누어 작은 밀폐용기에 담아간다. 캠핑장에서는 무엇보다 '간편함'이 우선시되어야 하기 때문에 가져가기에도 현지에서 요리를 하기에도 불편하지 않아야 한다.

특히 국물을 내는 재료는 바로 끓여 먹을 수 있도록 미리 준비하는 것이 좋은데, 집에서 미리 국물을 끓여 식혀 육수 팩에 한 번 분량씩 넣어 냉장 또는 냉동 보관하면 좋다. 한 번 먹을 것만 가져가지 말고 한두 번 더 먹을 수 있는 분량을 준비하면 갑자기 뜨끈한 국물이 필요하거나 아이들 아침으로 간편한 떡국 등을 끓일 때 유용하다.

다진 마늘이나 마른 고추, 바질, 로즈메리 등의 허브는 종류대로 지퍼백에 담아 양념 가방 속에 넣어두도록 한다. 마른 재료이기 때문에 보관 기간이 길고 간편하니 번거롭더라도 꼭 챙기자. 요리의 맛을 확 돋우는 일등 공신 역할을 톡톡히 해낼 것이다. 남들이 챙기지 않는 재료를 준비해 가야 멋지게 솜씨를 발휘할 수 있다.

활용도 만점! 지름 18cm 프라이팬을 준비하자

집에서도 야외에서도 편애하는 도구를 꼽으라면 지름 18cm 크기의 프라이팬을 고르겠다. 캠핑용 코펠에는 들어 있지 않은 사이즈이기 때문에 별도로 준비하도록 한다. 우묵하게 깊이가 있는 것이면 좋다. 라면 1인분을 끓이거나 달걀을 넣고 즉석에서 스크램블을 만들 때, 아이들이 좋아하는 팬케이크를 구울 때도 그만이다. 코펠을 빼고 이 프라이팬 하나만 가져간 적도 있다. 이것 한 가지면 안 되는 요리가 없을 정도다. 번거롭게 이것까지 가져가야 하느냐고 묻는 사람도 있지만 현장에서 이 프라이팬 하나로 웬만한 요리를 다 해내는 것을 보고는 주변 캠퍼들이 하나둘씩 이 요긴한 도구를 챙겨가기 시작했다. 이렇게 캠핑 전용 도구가 아닌, 평소 집에서 사용하던 도구 중에서 내 손에 익숙하고 요리 시간을 절약해주는 다용도 아이템 한 가지쯤은 정해두도록 하자. 캠핑의 고수가 되는 길은 이렇게 작은 데서 시작된다.

랜턴 켜기

자, 이제 캠핑장에 어둠이 내리기 시작했다. 캠핑의 밤을 밝혀줄 랜턴을 켜는 시간. 랜턴은 캠핑 장비 중에서 아이가 다루기 힘든 도구다. 랜턴의 종류에 따라 그냥, 심지어 불만 붙이면 되거나 배터리를 이용해 스위치를 켜기만 하면 되는 것도 있지만 등유를 사용하는 랜턴의 경우에는 불을 켜기 위한 몇 가지 단계를 아빠가 가르쳐주도록 하자. 사실 이 등유 랜턴이 진짜 랜턴답고 불 켜는 재미가 있기는 하다.

잠자리 정돈하기

저녁이 되면 텐트 안에 미리 잠자리를 펴둔다. 이때 자기 잠자리는 자기가 펴고 정리하는 것을 캠핑의 룰로 정하자. 습기나 냉기가 올라오는 것을 막기 위한 매트(발포매트, 자충매트 등)나 담요 등을 깔고 침낭을 편다. 겨울철에는 전기담요를 이용하기도 하고 침낭이 없을 때는 깔고 덮는 캠핑용

침구를 별도로 준비한다. 캠핑을 몇 번 해본 아이라면 능숙하게 잠자리를 마련하고 텐트 안에 수면램프까지 설치해 나름대로 아늑한 공간을 꾸민다.

텐트를 철수할 때도 마찬가지. 아침에 일어나면 잠자리부터 정돈하도록 일러둔다. 날씨가 좋다면 침낭을 펼쳐 텐트 위나 로프에 걸쳐서 햇볕에 살균 소독하는 것이 좋다. 보송보송하게 마른 침낭은 쾌적한 캠핑을 보장해주는 일등 공신이니까!

분리수거와 설거지

집으로 돌아가는 순간까지 아이에게 임무가 주어진다. 사실 전날 실컷 놀고 지쳐 쓰러졌던 아이에게 아침부터 도움을 청하는 것은 무리다. 늦잠에

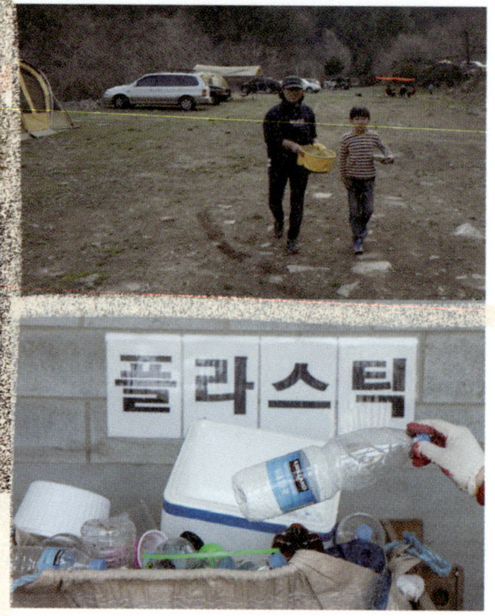

빠져 있거나 집에 가기 전에 조금이라도 더 놀기 위해 벌써 어디론가 사라졌을 것이다. 하지만 캠퍼가 되기로 마음먹었다면 마지막까지 깔끔하게 뒷정리하는 것을 가르쳐줘야 한다. 아빠가 먼저 모범을 보이는 것은 필수!

잔뜩 어질러진 쓰레기를 분리수거하고 요리했던 그릇을 설거지하는 것도 아이와 함께할 일이다. 나이가 어려도 할 수 있는 일이니 동참시키도록 하자. 깨끗하게 주변을 정리해 마무리하는 것이 진정한 캠퍼의 역할임을 꼭 알려준다.

한두 번의 캠핑을 마치고 나면 부쩍 달라진 아이의 모습을 발견할 수 있을 것이다. 비록 야외에서만 의젓한 모습을 보일 뿐 집에서는 원래대로 돌아오더라도 말이다. 시작부터 끝까지 모든 과정에 동참했다면 이제 아이도 진정한 캠퍼라 부를 수 있지 않을까.

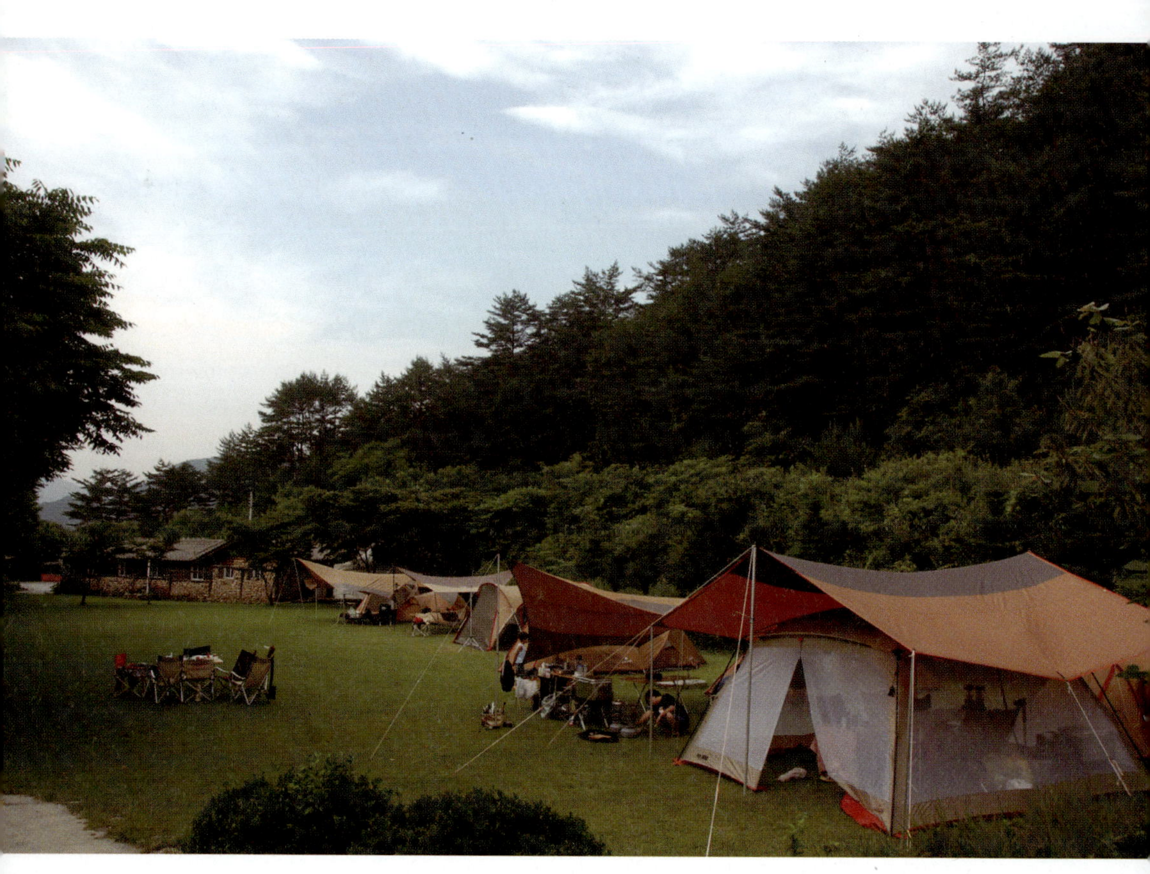

다양한 캠핑장 고르기

모든 캠핑이 그러하겠지만 특히 아이와 함께하는 캠핑에서 가장 중요한 것이 장소를 고르는 일이다. 아이가 자연과 더불어 소중한 추억을 만들게 될 곳이니 아무래도 여러 가지 요소를 고려해서 정하는 것이 좋다. 아이가 자유롭게 뛰놀 수 있으려면 위험한 장애물이 없고 험난하지 않은 지형이어야 한다. 또 멀리서도 아이가 노는 모습을 볼 수 있도록 시야가 트여 있는 곳이 안전하다. 혹시나 발생할 수 있는 사고를 예방하기 위해서 말이다.

아이와 같이 가기에 적합한 캠핑장의 유형을 세 가지로 정리해보았다.

넓은 잔디밭이 있는 캠핑장

아이는 넓은 잔디밭에서 뛰어노는 것만으로도 충분히 즐거워하므로 잔디밭이 펼쳐진 캠핑장이 가장 무난한 유형이라 하겠다. 넓은 잔디밭에서 야구, 축구, 배드민턴과 같은 운동을 하며 일상의 긴장을 풀고 아빠와 친구가

영월김삿갓계곡야영장
남양주 봉서원더시크릿가든

되어 좋은 추억을 만들 수 있다. 활동 공간이 넓어지면 넓어질수록 사고의 폭도 넓고 깊어질 것이라 믿기에 나는 우리 집 아이들이 마음껏 뛰어놀 수 있도록 하는 편이다.

교육적인 자연환경을 지닌 캠핑장

캠핑을 하는 이유 중 하나는 아이에게 기억에 남을 만한 교육적인 경험을 선물하고 싶어서다. 그러니 캠핑장 자체가 교육적인 장소라면 놀이와 교육이라는 두 가지 기회를 취하기에 더할 나위 없이 좋다. 국립자연휴양림이나 국립공원 내에 자리한 캠핑장은 아이들을 위한 곳이다.

국립자연휴양림의 경우 잘 정비되어 있는 자연환경은 아이에게 책에서 본 것을 확인할 수 있는 기회를 제공한다. 대부분의 휴양림에는 나무나 꽃마다 이름표가 붙어 있고 생태에 대한 설명이 자세히 쓰여 있으며, 자연을 왜 보호해야 하는지를 온몸으로 느낄 수 있다.

장소에 따라서는 숲을 해설해주는 프로그램이 있어 부모가 미처 들려줄

제주 서귀포자연휴양림   설악산국립공원야영장

양평 산음자연휴양림 산책로

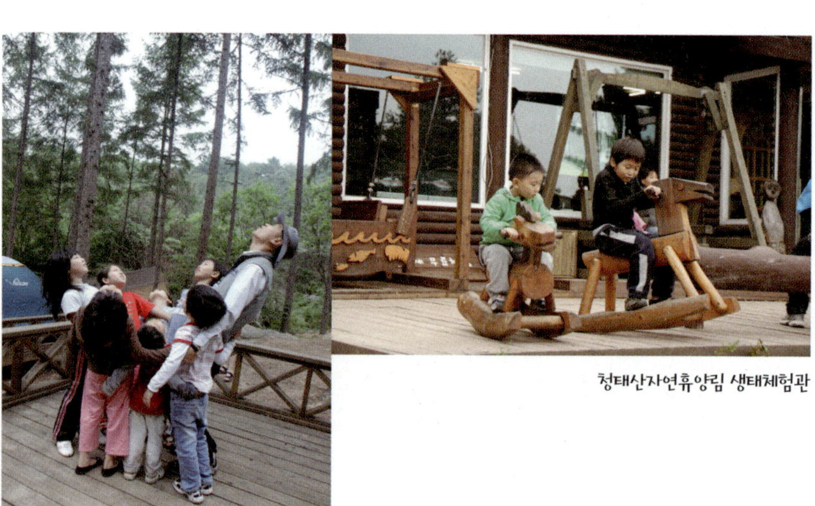

용화산자연휴양림 숲 해설

청태산자연휴양림 생태체험관

수 없는 해박한 지식까지 습득할 수 있다. 자연휴양림에 대한 정보는 해당 홈페이지나 다양한 웹사이트를 통해 알 수 있으며 사전예약을 해야 하는 체험 활동도 있으니 미리 확인하는 것이 좋다.

다양한 체험 프로그램과 더불어 저렴한 야영 비용은 자연휴양림의 큰 매력이니 참고하도록 하자.

그 밖에, 각 시도별 지방자치단체에서 운영하는 자연휴양림도 있다. 국립 자연휴양림보다는 잘 알려져 있지 않은 곳이 많아 예약 성공률이 높다.

다양한 체험거리가 있는 캠핑장

요즘 캠핑장에는 아이들을 위한 체험 행사를 마련해놓은 곳이 많다. 도자기 체험, 염색 체험, 요리 체험 수업, 천문대 체험 등 다양한 프로그램이 있어 아이에게 좋은 경험이 될 만하다. 캠핑도 즐기고 다양한 체험 활동도 할 수 있으니 일거양득이 아닐 수 없다. 단, 캠핑장에 따라 체험 활동에 별도의 비용이 추가될 수도 있으니 미리 알아보고 가는 것이 좋다.

주의! 이런 장소는 피하도록 하자

캠핑장이 가파른 언덕에 있거나 캠핑장 바닥이 고르지 않은 곳, 또 물이 깊은 계곡을 끼고 있는 경우에는 부모가 아이의 안전에 각별히 신경을 쓰도록 한다. 가급적 이런 장소는 어른들끼리 갈 경우에 선택하는 것이 좋지만 수많은 캠퍼들이 몰리는 주말 캠핑에서 아이들과 함께라고 하여 장소를 마음껏 고르는 것은 그리 쉽지 않은 일이다. 그러니 이런 지형의 캠핑장에 갈 때에는 새로운 곳을 경험해볼 기회라고 긍정적으로 생각하고 주의 또 주의

하는 것밖에 방법이 없다.

또 일반적인 오토캠핑의 경우, 차량을 주차하는 공간과 생활공간(텐트와 테이블 등이 위치하는 공간)이 매우 가까이 위치하므로 차량 운행 시에는 안전에 각별히 신경을 쓰도록 한다. 차량이 안전하게 주차되어 있는지도 거듭 확인해보는 것이 좋다.

아이와 함께할 때 필요한
캠핑 준비물

캠핑장을 선택했다면 이번에는 준비물을 점검하고 짐을 꾸릴 때 고려할 몇 가지를 기억하면 좋겠다. 아이가 함께하는 캠핑에는 준비물도 아이 위주로 챙기게 된다. 캠핑장에서 가지고 놀기에 적합한 장난감(캠핑장의 유형과 계절, 날씨, 함께 가는 아이들의 인원수 등을 고려한다.)을 선택하고 아이가 안전하게 캠핑을 즐기는 데 도움이 되는 몇 가지를 준비하자.

책

캠핑장에서까지 무슨 책이냐고 하는 이들도 있겠지만 캠핑장에서 책을 보는 아이들이 의외로 많다는 사실. 캠핑지에서는 일상적으로 하던 일도 특별하게 느껴진다. 책은 아이가 직접 고르도록 한다. "이번 캠핑에는 이 책이 어울리겠어!"라며 자발적으로 책을 챙기는 경우가 종종 있었다.

비옷과 방한복

　짐을 싸면서 아내가 늘 하는 말은 "아이들 옷이 한 짐이야!"다. 정말로 짐을 다 싸고 나면 두 아이의 옷과 소지품만 해도 부피가 엄청나다. 짐을 최소한으로 줄이는 지혜가 필요하지만 그럼에도 불구하고 항상 준비해야 할 것이 비옷과 방한복이다.

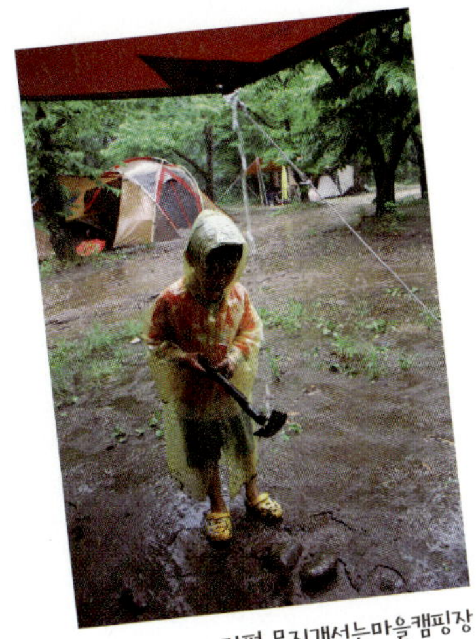

가평 무지개서는마을캠핑장

　야외에서는 언제 닥칠지 모르는 비상사태에 늘 대비해야 하는데, 비와 바람이 그것이다. 여름이라 해도 새벽 기온은 제법 쌀쌀하고 갑자기 소나기가 내릴지도 모르니 비옷과 바람을 막을 수 있는 겉옷, 그리고 추위를 막아주는 방한복은 꼭 준비하자. 특히 아이가 있는 집에 비옷은 필수다. 비가 온다고 얌전히 타프 아래에서 비를 피할 아이들이 아니기 때문에 비옷을 입혀 마음껏 뛰놀게 하는 것이 마음 편하다. 겨울에 캠핑을 떠날 때는 얇은 옷을 여러 겹 입는 것이 훨씬 보온성이 높다는 사실도 기억해두자.

구급상자(비상 상비약)

　아이들과의 캠핑에 절대 빼놓으면 안 되는 것이 구급상자, 즉 비상 상비약이다. 필요한 약과 거즈, 반창고, 가위 등을 휴대가 편한 케이스에 넣어 항상 가지고 다니도록 하자. 특히 여름에는 벌레 퇴치용 스프레이나 팔찌 등이 매우 유용하다. 겨울에는 난로 등의 온열 기구나 불가에서 화상을 입는 경우가 종종 발생하니 화상연고와 멸균 처리된 붕대 등은 필수다. 그 밖에

어린이용 상비약(해열제, 소화제, 지사제 등)을 별도로 챙기도록 한다. 상처가 심한 경우에는 반드시 근처 병원이나 약국, 또는 이웃 캠퍼 중 의사나 전문가 등의 도움을 받아야 한다.

> **'캠핑 패밀리'의 비상 상비약**
> - 아이용 : 해열제, 반창고, 소독약, 흉터 방지 밴드
> - 어른용 : 진통제, 소염 스프레이, 지사제, 피부질환 연고, 붕대
> - 공용 : 벌레 퇴치용 스프레이, 벌레 물린 데 바르는 물약

식수

어른도 야외에서 물을 먹고 배앓이를 하는 이가 종종 있다. 어른보다 약한 아이들은 물 때문에 고생하는 경우가 많으니 식수로 생수를 몇 병 챙겨

가는 것이 좋다. 쌀을 씻거나 국을 끓일 때는 캠핑장에서 제공되는 물을 사용하면 되지만 그냥 마시는 물은 생수가 가장 무난하다. 캠핑장마다 매점에서 생수를 판매하니 차에 짐 실을 공간이 부족하다면 현지에서 구입하는 것도 방법.

소형 랜턴 또는 헤드랜턴

캠핑장에서 아이의 밤 활동을 자유롭게 허락하고 싶다면 어둠을 밝힐 랜턴은 필수다. 배터리를 사용하거나 충전해서 쓰는 작은 손전등이 가장 무난하다. 밴드를 이용해 머리에 쓰는 형태의 헤드랜턴도 있다. 텐트 주변 탐험에 나서거나 화장실에 갈 때 유용하게 쓸 수 있다.

가끔 랜턴을 들고 침낭 속에 들어가 놀기도 하기 때문에 반드시 연소 과정이 없는 실내용 랜턴(배터리를 사용하는 것)을 준비하도록 한다.

아이용 테이블과 의자

앞에서도 말했지만 아이도 엄연한 캠퍼다. 캠핑장에서 사용할 아이 전용 장비를 준비하는 것이 필요한 이유이기도 하다. 아이의 몸집에 맞지 않는 어른용 장비를 사용하다 보면 여러 가지 행동이 불편하고 어딘가 어른들의 캠핑에 낀 손님이 되고 마는 경우가 있다. 가장 흔하게 사용하는 것이 아이용 테이블과 의자다. 요즘은 아이들이 좋아하는 캐릭터가 그려진 제품이 인기다. 아이와 함께 지속적으로 캠핑을 할 생각이라면 아이만의 장비를 마련해 더욱 신나고 전문가다운 캠핑을 즐길 수 있도록 배려하자.

snow
natural lifestyle

나도 아빠처럼 캠퍼예요!

아빠와 함께 캠핑 제대로 즐기기

캠핑 놀이 편

자연으로 나가기

1

야생화 이름 알아맞히기

준비물 야생화도감, 돋보기, 메모지, 볼펜

아이들이 다양한 자연환경을 접할 수 있다는 것은 캠핑이 주는 가장 큰 선물이다. 답답한 도시를 벗어나 초록 내음을 흠뻑 맡을 수 있고 작은 개울의 물소리도 아름다운 음악 소리처럼 들린다. 밤이 되어 쏟아지는 별빛과 달빛을 보고 있노라면 누구라도 시인이 될 것 같다. 불 켜진 랜턴 주위로 나방과 벌레들이 날아들기도 하고, 풀벌레 소리와 싱그러운 풀 냄새, 나무 냄새는 오감을 자극해 어른들의 마음까지 설레게 한다.

아이들은 평소에는 자세히 볼 기회가 없었던 땅 위의 작은 곤충이나 이름 모르는 꽃들을 자연스럽게 접하면서 산에 들에 핀 야생화들의 이름이 궁금해 묻곤 했다.

"아빠, 이게 무슨 꽃이야?"

"글쎄, 아빠도 이름은 잘 모르겠는걸?"

아이들과 야생화 이름을 알아맞히는 놀이를 시작한 것이 이때부터였던 것 같다. 아이들에게 자연에 대해 들려줄 이야기가 있어야 한다는 생각을 했다. 아이들과 함께 캠핑을 다녀보면 아빠와 엄마는 자연을 즐기기만 할 것이 아니라 공부도 해야 하는구나, 하고 생각하게 된다. 아이들과 함께 자연에서 새롭게 배워야겠다는 생각에 저절로 책을 펼치게 된다.

시중 서점에 나와 있는 야생화도감은 크게 두 가지
이다.

하나는 야생화의 이름을 모를 때 꽃의 색깔로 쉽게
알아볼 수 있도록 나온 도감이고 다른 하나는 꽃 이
름을 찾으면 그 꽃의 유래나 전설 등까지 자세히 설
명하고 있는 도감이다. 두 가지 도감을 적절하게 활
용하면 훌륭한 이야깃거리가 된다.

예를 들어, 이름 모를 야생화를 발견했다고 하자.
우선 꽃의 색깔로 이름을 쉽게 찾을 수 있는 도감에
서 이름부터 찾는다. 보라색의 이 꽃 이름은 '닭의장
풀'이다. 이름을 알았으면 이 꽃의 유래에 대해 자세
히 설명하고 있는 도감을 본다. 닭의 변은 독하기 때
문에 거름으로 쓰지 못하는데 닭의장풀은 닭장 주변
에서도 잘 자란다 하여 붙여진 이름이다. 부끄럽지만
나도 닭의 변이 녹해서 거름으로 쓰지 못한다는 것을
이때 처음 알았다. 내가 가르쳐주는 것이 아니라 아
이가 내 머리와 가슴을 채워준다는 생각이 든다. 이
소소한 경험들이 모여 부모와 아이가 함께 커가는 것
이다.

아이들은 엄마나 아빠로부터 새로운 이야기를 전
해들을 때면 마치 옛날이야기라도 듣는 것처럼 눈을
반짝이며 집중한다. 어른들은 그냥 지나치는 아주 작
고 사소한 것 하나도 아이들은 허투루 지나치지 않는

을수계곡 시골길

태백 두문동재 트레킹 길

화양구곡 트레킹 길

가리왕산자연휴양림 산책길

다. 길가에 핀 꽃도 이름이 있고 이야기가 있듯이 이 세상 모든 자연은 의미가 있다는 것을 어른들이 굳이 가르치려 하지 않아도 아이들은 안다. 어른은 아이에게 지식을 쏟아 부으려 하지 말고 살면서 계속해서 호기심을 가질 수 있도록 안내만 해주면 된다. 아이가 좀 더 커서 무언가 철학적 사고를 하게 될 즈음 지금의 대화를 기억해주기를 바랄 뿐이다. 꽃의 이름과 유래에 대해 알고 있는 아이와 모르는 아이가 지식의 정도로 보면 무슨 큰 차이가 있을까마는, 먼 훗날 아빠와 함께한 이 시간을 추억하고 이것이 작은 보탬이라도 된다면 그것만으로 나는 아빠로서 큰일을 해낸 것이라 생각한다.

🌱 캠핑 짐을 꾸릴 때 야생화도감을 꼭 챙긴다.

🌱 자연휴양림을 이용하는 경우에는 비교적 자연 관찰이 용이하다. 식물들의 이름에 대한 안내 표지판도 잘 설치되어 있으니 사진을 찍어두고 집에 돌아와서 필요할 때 꺼내보면 도움이 된다.

🌱 인위적으로 잘 다듬어진 캠핑장에서는 야생화를 보기 힘들 수도 있다. 이럴 때는 캠핑장 주변의 산책로나 시골길을 아이와 함께 걸어보자. 야생화 트레킹으로 잘 알려져 있는 곰배령이나 태백 두문동재도 추천한다. 초등학생인 아이에게 알맞은 곳이다.

🌱 봄부터 가을까지 야생화를 관찰할 수 있으나 꽃이 만개하여 한창일 때는 주로 5~8월까지이므로 야생화 관찰을 계획했다면 참고하자.

2

나뭇잎 보고 나무 이름 알아맞히기

준비물 나뭇잎도감 또는 나무도감, 돋보기, 메모지, 볼펜

야생화 이름 알아맞히기와 비슷한 놀이로, 아이들에게 모양이 다른 나뭇잎을 직접 주워오라고 한 다음 쭉 늘어놓고 하나하나 이름을 맞혀가는 재미가 쏠쏠하다. 캠핑장에서 흔히 볼 수 있는 나뭇잎을 통해 나무의 이름을 알아맞히는 놀이에도 도전해보자. 나뭇잎은 어느 캠핑장에서나 쉽게 볼 수 있어 이 놀이는 언제든 할 수 있지만, 비슷비슷하게 생긴 나뭇잎을 세심하게 비교하고 관찰해야 하기 때문에 오히려 난도가 높다. 나무 이름 알아맞히기에 자신이 없다면 나뭇잎도감을 준비해보자.

채집한 나뭇잎을 이리저리 잘 들여다보고 도감의 그림과 비교해보면서 무슨 나무의 잎인지 알아본다. 아이들 못지않게 엄마 아빠도 진지해지는 순간이다. 조금 복잡해 보이는 분류 기준에 따라 나뭇잎을 하나하나 따라가다 보면 결국 나무의 이름을 알게 된다. 어려운 문제를 풀었을 때 성취감이 매우 크듯 책에서 찾은 그림과 일치하는 나뭇잎을 발견하고 나무의 이름을 알게 되면 가슴에 훈장이라도 단 듯 아이들과 함께 기뻐하게 된다.

특히 이 놀이는 큰아이가 초등학교 4학년이었을 때 한참 재미를 붙였던 것인데, 과학책에서 본 나뭇잎이라며 신이 나서 적극적으로 참여했었다.

아이는 '단풍나무도 여러 가지 종류가 있고 그 나뭇잎의 모양이 각각 조

금씩 다르다'는 것을 알게 되었다. 여름에서 가을로 넘어가는 어느 날, 캠핑장에서 우연히 나뭇잎 하나가 들려주는 이야기를 듣고 한 가지 또 배운 셈이다. 죽어서도 자리를 지키며 그늘을 제공하는 나무를 보며 뭔가 느껴보기도 하고 '자작나무 껍질을 종이처럼 쓸 수도 있다'는 것을 직접 체험해볼 수도 있다. 교실에 앉아 책으로만 배우고 외우는 것보다 이렇게 자연에서 직접 손으로 만져보고 냄새를 맡아가며 배운 지식은 오래도록 기억 속에 함께할 것이다.

단순히 책을 보고 이름 알아맞히기에서 끝내지 말고 어른들과 아이들이 편을 나눠 누가 더 잘 알아맞히나 게임을 해보는 것도 아이들의 흥미 유발을 위해 좋은 방법이다.

● 나뭇잎을 보고 나무 이름을 알아맞히기 위해서는 먼저 나뭇잎을 잘 관찰해야 한다. 나뭇잎을 채집해올 때는 키가 큰 나무인지 작은 나무인지, 잎이 달린 모양이 마주나기인지 어긋나기인지 돌려나기인지, 잎맥의 모양이 그물맥인지 나란히맥인지, 잎 모양이 갈라져 있는지 아닌지, 그리고 열매가 달려 있는 시기라면 열매 모양도 눈여겨보도록 한다.

● 텐트 주변의 나뭇잎을 관찰할 때는 도감을 펴놓고 찾아보기 쉽지만 캠핑장 밖으로 나가야 할 때는 아이들이 지치지 않는 범위 내에서 찾아보도록 한다. 나무에 부착되어 있는 나무 이름 안내 표지판을 활용하는 것도 좋다.

● 되도록 나무에 달려 있는 나뭇잎을 따거나 가지를 꺾는 것보다는 나무 아래 떨어져 있는 나뭇잎을 주워오도록 한다. 자연학습도 좋지만 자연을 훼손하는 일이 되어서는 안 되니까.

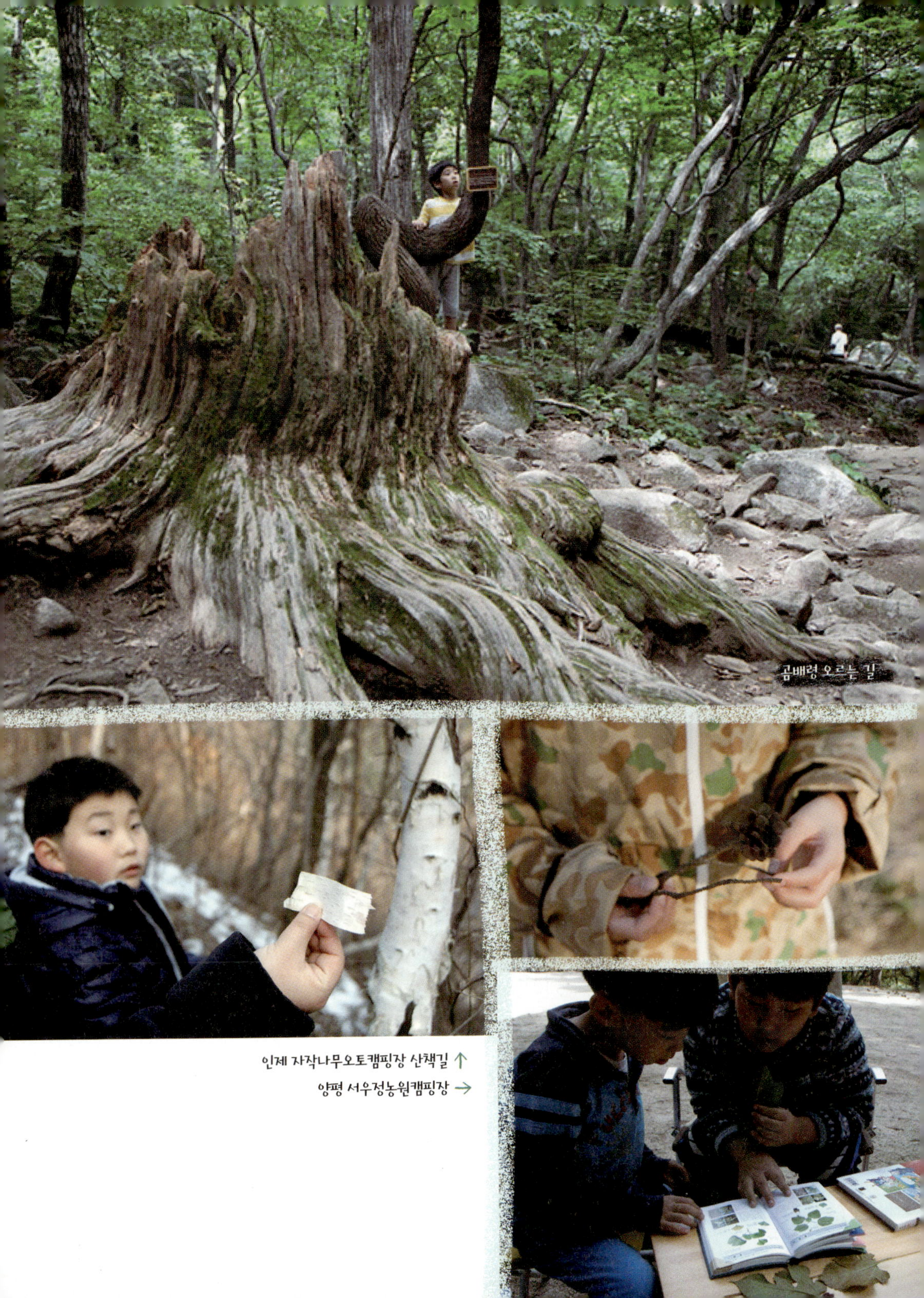

인제 자작나무오토캠핑장 산책길 ↑
양평 서우정농원캠핑장 →

3

풀과 꽃으로 놀기

준비물 풀과 꽃

아이들과 캠핑장 주변을 산책하다보면 수많은 풀과 꽃을 만나게 된다. 그럴 때마다 내 아이들이 이 무한한 장난감으로 부디 자연을 만끽하기를 바란다. 풀과 꽃을 이용해 아이와 교감할 수도 있다. 장미 가시로 코뿔소를 만들고 강아지풀로 개구리를 잡던 옛날 이야기를 들려주면서.

캠핑 횟수가 늘어날수록 아이들은 스스로 자연과 친해지는 법을 터득해간다. 풀과 꽃, 나무, 바람……, 자연의 선물들로 아이들의 요구는 좀 더 다양해진다. 토끼풀을 뜯어와 손목에 감아 시계를 만들자고 하고, 애기똥풀로는 "아빠, 내가 매니큐어 발라줄게!" 한다. 기분 좋은 시달림이다. 주문사항이 많아질수록 나의 휴식 시간은 줄어들지만 말이다.

엄마의 코에 뿔을 붙이고 머리에 풀 핀을 꽂아 주는 모습을 보면 흐뭇하기만 하다. 별 것 아닌데도 아이와 부모를 이토록 가깝게 만들어주는 자연이 고마울 뿐이다.

어릴 적 우리가 놀던 것을 아이들과 나누어보자. 예를 들어, 아카시나무의 잎으로는 꽃을 만들 수 있다. 밑에서부터 손으로 잡고 쭉 밀어 올리면 꽃 모양이 된다. 처음 보는 아이들은 마냥 신기해하니 선물로 하나 만들어주자. 유치한 놀이도 캠핑에서는 통하는 법! 나뭇가지에 붙은 잎을 하나씩 떼

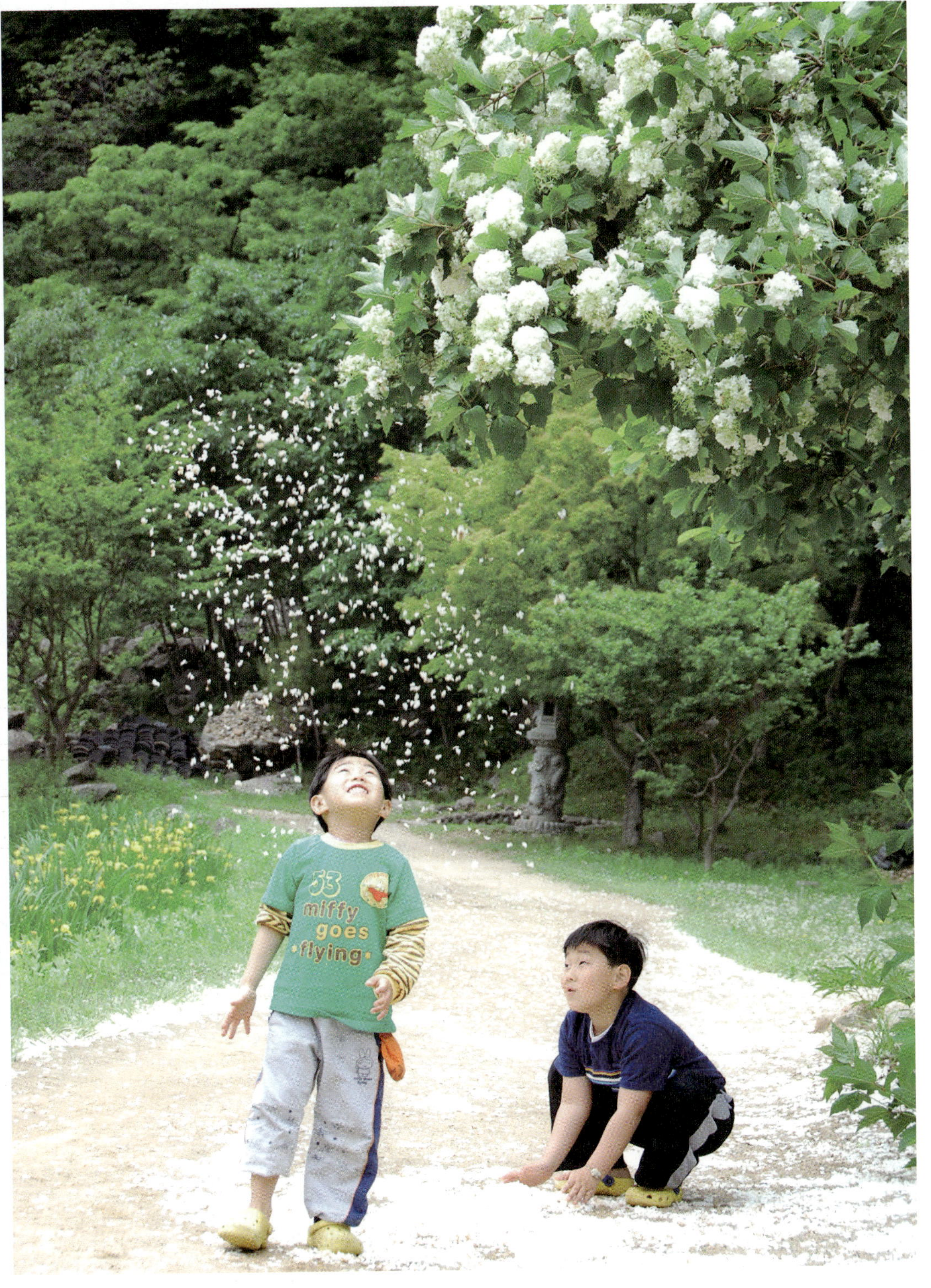

며 '좋아한다, 안 좋아한다' 점쳐본다. 식사 준비나 설거지 당번을 정할 때도 아주 요긴하다.

큰 잎은 우산도 되었다가 가면도 되었다가 아이들의 생각대로 변신한다. 정말 모든 자연이 장난감이다. 이 소중한 경험을 또 어디에서 해보겠는가.

아이들끼리 놀도록 내버려두면 한 번도 본 적 없던 풀과 나뭇잎, 열매 등을 찾아온다. 보물찾기라도 하는 것처럼 숲 속을 이리저리 뛰어다니며 채집해온 것들을 한 자리에 모아놓고 자기들끼리 품평회를 연다. 숲에서의 하루만으로 캠핑의 의미는 충분하다. 계절이 바뀔 때마다 다른 모습으로 다가오는 숲을 우리의 아이들도 느끼리라 믿는다.

◈ 누가 더 많은 종류의 나뭇잎을 주워오나 / 누가 제일 큰(또는 작은) 나뭇잎을 주워오나 / 누가 나뭇잎이 제일 많이 붙어 있는 가지를 가져오나 / 누구 나뭇잎 색깔이 얼룩덜룩 특이한지 등의 내기를 하면 더 재미있게 놀 수 있다.

◈ 풀이나 꽃 중에는 몸에 해로운 독초도 있다. 아이들이 무심코 만질 수 있으니 항상 주의를 주도록 하자. 처음 보는 풀이나 꽃은 되도록 만지지 않도록 하고 특히 입이나 눈에 가까이 대지 않도록 한다. 피부가 예민한 아이가 있다면 더욱 주의를 기울여야 한다.

전남 구시포해수욕장

4

갯벌 진흙 체험하기

준비물 갈아입을 옷

캠핑지에서는 일상으로부터의 해방감과 새로운 환경이 주는 생경함에 기분이 한 뼘은 더 들뜨게 된다. 집과 다른 야외 생활의 불편함도 너그러이 보게 되고 한결 마음의 여유가 생긴다. 그런데 정작 아이들에게는 "안 돼! 하지 마."라는 말을 많이 하게 된다. 캠핑 초기에는 더더욱 그럴 수밖에 없는 것이, 집과 다른 야외 환경에서의 안전 문제와 위생상의 문제 등이 걱정되기 때문이다. 어른들은 해방감을 느끼고 자유로운 시간을 만끽하면서 아이들의 자유를 방해하다니. 어딘가 캠핑의 취지와 어긋나 있다.

땅바닥에 털썩 주저앉아 놀고 싶은 아이들은 엄마 눈치부터 본다.

"엄마, 땅바닥에 앉아도 돼?" "엄마, 옷 적셔도 돼?"

"안 돼, 씻을 곳이 없어." "하지 마, 옷 없어."

아이들을 씻겨야 하는 사람도 엄마이고 흙으로 더러워진 옷 세탁도 엄마 몫이니 그럴 수도 있겠다 싶기는 하다. 모래가 있는 해변의 캠핑장이나 갯벌을 끼고 있는 캠핑장을 두려워하는 것도 이런 이유다.

하지만 아이들에게 자연을 느끼게 해주고 바쁜 일상과 스트레스로부터 해방시켜주기로 했다면 캠핑지에서만큼은 마음을 비우고 양보하자.

비가 온 뒤 진흙탕이 된 캠핑장에서 아이들은 신나게 뛰어다닌다. 진흙이

두려울 것도 없고 어른들이 말려도 소용없다. 그 모습을 보고 있자면 어른인 나도 사실 그 순수함과 자유로움이 부럽다.

'그래, 나도 저렇게 흙 파고 놀며 자랐지.'

아이들을 그냥 내버려두자. 여기는 모든 것이 용서되는 캠핑장이니까!

그중에서도 갯벌 체험은 아이들에게 큰 의미를 준다. 보드랍고 고운 진흙을 밟을 때 발바닥에 전해지는 미끌미끌하고 간지러운 느낌을 어디서 또 체험할 수 있겠는가. 아이들은 새로운 경험을 실컷 해보면서 두려움 없이 도전하는 용기를 온몸으로 배운다.

캠핑을 하며 종종 느끼는 것이지만 부모의 수고로 아이들은 한층 더 자라는 것 같다.

이렇게 놀아요

🍂 갯벌에 들어가면 먼저 발가락에 닿는 진흙의 느낌을 이야기해보게 한다.

🍂 진흙 속에 숨어 있는 작은 게와 같이 살아 움직이는 생물을 찾아보거나 진흙 위에 얼굴 그리기, 가위바위보를 해서 진 사람 얼굴에 진흙 묻히기 등의 게임을 해본다.

🍂 헌 옷을 입히면 옷이 더러워질 것을 걱정하지 않고 더욱 마음껏 놀게 할 수 있다. 샤워장이 별도로 없는 곳이라면 큼직한 코펠에 미리 물을 끓여두었다가 아이들을 간단히 씻기도록 한다.

주의할 것!

🍂 갯벌의 진흙 속에는 조개껍데기나 굴 껍데기와 같이 날카로운 것들이 숨어 있을 수 있다. 맨발로 노는 것이 가장 좋지만 만약을 대비해 워터슈즈 등을 준비하는 것이 좋다.

🍂 아이들이 진흙을 던지며 장난을 할 경우 진흙이 눈에 들어가면 위험할 수 있으니 얼굴에는 던지지 않도록 주의를 준다.

가평 무지개서느마을캠핑장

인천 시도 수기해수욕장

조개잡이

준비물 조개잡이용 갈고리, 바구니, 모자

도시의 편리함과 안락함을 버리고 최대한 자연인의 모습에 가까워지기 위해 하늘 아래 텐트 하나 달랑 치고 자연을 벗 삼는 것이 캠핑이다.

이왕 자연으로 돌아가기로 한 것, 인간의 본능인 수렵 활동까지 해보는 것도 색다른 재미를 느낄 법하다. 생존을 위해 먹거리를 먹을 만큼만 자연에서 스스로 구하는 것. 그래서 아이들과 조개잡이를 해본 적이 있다. 분명 재미있을 거라고 호언장담해놓고 아이들을 실망시키지 않으려면 조개가 많이 잡힌다고 소문이 나 있는 해수욕장 인근 캠핑장을 골라서 가야 한다.

조개잡이는 계절에 크게 상관없이 언제든 가능하다. 서해의 경우 가장 중요한 것은 이른바 '물때'를 잘 맞추는 것이다. 조개가 많이 잡혔다는 소문을 듣고 갔다 할지라도 물때가 맞지 않으면 조개의 그림자도 보기 힘들다. 가끔 갈매기가 쪼아 먹은 조개껍데기만 외로이 해변을 지키고 있을 뿐이다.

물때는 조수 간만의 차로 바닷물이 빠질 때로, 이때 최대한 바다 가까이 들어가야 한다. 그래야 조개가 모래밭에 가깝게 올라오고 아이들은 몇 번의 갈고리질만으로 금방 수십 마리를 잡을 수 있다. 서해의 경우 아이들과 함께라면 물이 빠지는 오전 시간대에 조개잡이를 시작해야 한다. 물이 들어올 때는 철수했다가 밤이 되어 다시 물이 빠질 때 랜턴을 들고 밤바다를 산책

태안 청포대오토캠핑장

삼아 나가보는 것도 아이들에게 큰 추억이 될 수 있다. 물때가 좋을 시기를 알아보는 웹사이트도 있으니 활용해볼 만하다.

동해의 경우에는 물이 허리쯤 차도록 들어가야 조개를 잡을 수 있다. 서해처럼 갈고리를 이용하는 것이 아니라 특별한 도구 없이 맨발로 물속 모래를 비벼 조개를 찾아내면 된다.

조개잡이는 '자연의 시계'에 나를 맞추는 방법을 알려주는 놀이이기도 하다. 내가 조개를 잡고 싶다고 해서 아무 시간에나 잡을 수 있는 것이 아니니 아이들은 기다리는 법을 배운다.

● 갈고리로 모래를 살살 긁어내는 것이 아니라 갈고리를 대는 부분부터 무너뜨리듯 갯벌을 파면 힘이 훨씬 덜 든다.

● 동네 철물점에 가면 쉽게 구할 수 있는 조개잡이용 갈고리가 편하다. 갈고리는 고리 3개짜리와 5개짜리가 있다. 아이들 손에는 3개짜리가 딱 맞고 힘도 덜 든다.

● 잡은 조개를 먹기 위해서는 해감할 필요가 있다. 하루가 꼬박 걸리니 1박 2일 이상의 캠핑일 경우 첫날 조개를 잡아 맑은 바닷물에 담가둔다. 조개를 담은 그릇은 냉매가 들어 있는 아이스박스나 쿨러에 넣어 시원하고 어둡게 해둔다.

동해 자작도해수욕장

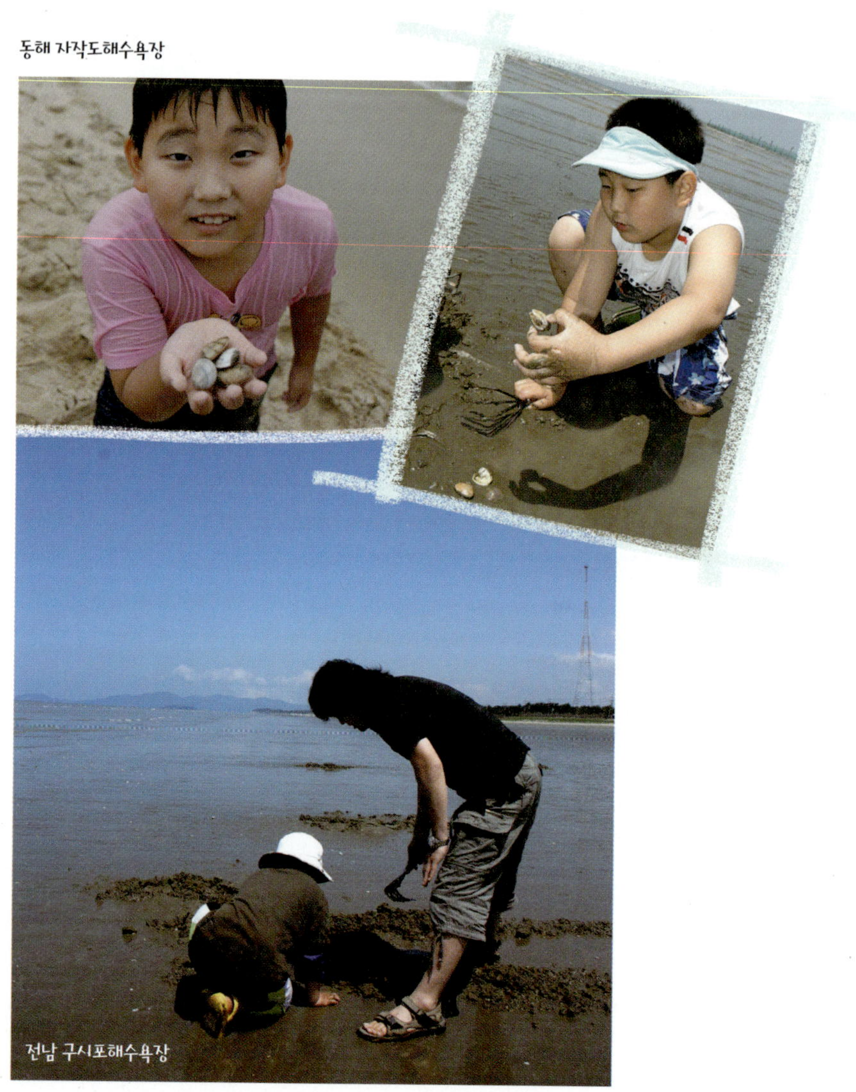

전남 구시포해수욕장

6

게잡이

준비물 양파망, 작대기, 그물망 또는 큰 그릇, 오징어 내장

여름에는 주로 바닷가로 캠핑을 가다 보니 매번 물놀이나 조개잡이를 했다. 하지만 매해 비슷한 놀이에 아이도 어른도 싫증이 나 새로운 즐길거리를 찾아 나섰다. 열심히 인터넷 검색을 하던 중 '게잡이'에 대한 정보가 눈에 들어왔다. 준비물도 까다롭지 않고 손쉽게 게를 잡을 수 있다니 아이들과 해보기에 좋을 것 같았다.

아이들은 준비 과정에서부터 "아빠, 이걸로 정말 게를 잡을 수 있을까?" 하며 의아해했다.

"그럼~, 아빠를 한번 믿어봐!"

인터넷으로 미리 봐두었지만 사실 못 잡으면 아이들이 실망할 것을 생각하니 걱정이 됐다. 결과는 대만족!

줄줄이 달려 올라오는 게들을 보면서 신기해하는 아이들 모습에 의기양양해졌다. 보이지도 않던 게들이 어디서 몰려드는지 눈을 의심할 정도였다. 게가 올라올 때마다 아이들은 환호성을 지르며 서로 잡아보겠다고 달려들었다.

아이들은 여태껏 한 번도 경험해보지 못한 게잡이를 실컷 즐겼다. 땡볕 아래 얼굴이 새까맣게 타도록 시간 가는 줄 몰랐던 즐거운 하루로 기억된다.

전남 구시포해수욕장

이때부터 우리 가족의 게잡이가 시작됐다.

캠핑을 다니면서 지금도 늘 하는 생각은 아이들에게 새로운 경험을 할 수 있는 환경을 만들어줘야겠다는 것이다. 그냥 여기저기 쭉 둘러보고 떠나는 관광이라면 아이들 기억 속에, 가슴속에 남는 게 별로 없을 것이다. 아이들 손으로 직접 체험하고 느낀 일들은 오래 기억된다. 더욱이 아빠가 아이들을 생각하며 준비하고 만들어준 시간이라면 훨씬 더 의미 있는 경험이 아닐까.

● 양파망에 오징어 내장을 넣고 작대기에 묶는다. 오징어 내장이 없다면 생선대가리와 같이 비린내가 강한 것을 활용한다. 방파제 등의 바윗돌 사이 바닷물에 양파망이 달린 작대기를 넣고 살살 흔들면 오징어 내장 냄새를 맡고 게가 몰려든다. 양파망에 게가 대롱대롱 매달리면 작대기를 들어 올려 게를 털어 그물망이나 큼직한 그릇에 담는다.

모래성 쌓기

여름 바닷가에서 제일 재미있는 놀이는 역시 모래성 쌓기다. 아이들뿐 아니라 어른들까지 언제 해봐도 즐거운 추억의 놀이다. 잘 쌓았다가도 파도에 바닷물이 밀려왔다 지나가면 흔적도 없이 사라지는 허무한 놀이지만 점점 더 높게, 넓게 쌓으며 시간 가는 줄 모르고 놀게 된다.

실패와 성공을 몇 번씩 겪으며 조금씩 성숙해진 어른의 눈으로 아이들이 모래성 쌓는 것을 보고 있노라면 만감이 교차한다. 그러다가 문득, 모래성을 멋지게 쌓고 싶으면 파도가 닿을 수 없는 곳에 쌓으면 될 텐데, 하는 의문이 생긴다.

아이들은 왜 그리도 물 가까이 모래성을 쌓고 파도가 올까 조마조마하며 또 한편으론 파도가 오기를 기대할까? 파도가 들이치지 않으면 다 같이 "휴~~~." 하며 안도의 한숨을 내쉬고, 파도에 쓸려 모래성이 무너지면 깔깔깔 웃으며 다시 처음부터 모래성을 쌓는다. 그 자체로 아이들은 매우 재미있고 신이 난다. 그렇게 어린 시절 하나의 추억을 멋지게 쌓아 올리는 것이다.

캠핑처럼 아이들과 함께 새로운 환경을 여행하면서 부모도 부쩍 성숙해짐을 또 한 번 느낄 때는 아이들이 노는 모습을 보며 마음속으로 다짐도 하고 또 많은 이야기를 들려주고 싶을 때다. 부모는 아이들 인생에 마냥 행복한 일만 있기를 기도하지만 예상치 못한 시련이 찾아오는 경우도 있을 것이다. 아이들은 살아가는 동안 모래성 쌓기처럼 성공도 하고 한순간에 무너져 버리는 실패를 경험할 수도 있다. 아이가 혹 실패한 순간, 나는 이렇게 격려하고 싶다.

"아들아, 너는 이미 실패와 성공을 다 경험했어. 예전에 캠핑 갔을 때 모래성을 쌓으며 놀았던 것 기억나니? 파도에 모래성이 무너지면 깔깔거리며 다시 쌓고 또 무너지면 또다시 쌓고. 인생도 마찬가지야. 실패해도 다시 시작하면 돼. 그때 네가 쌓았던 모래성이 얼마나 멋있었는지 기억나니?"

어깨를 두드려주며 그때의 사진을 쓱 꺼내 함께 추억하며 한바탕 웃고 나면 이보다 더 큰 위로가 있을까? 아빠의 마음은 이런 것이다.

캠핑은 자식과 부모 사이에 두고두고 참 든든한 매개체가 될 수 있겠다는 생각을 한다.

이렇게 놀아요

● 모래가 있는 바닷가에서 캠핑을 하기로 했다면 근사한 모래성 사진을 미리 보여주자. 요즘은 스마트폰으로 검색만 하면 얼마든지 사진을 구할 수 있다.('모래 작품'이라고 검색해보자). 멋진 모래성을 본 아이들은 한번 해보자며 아빠를 조를 것이다. 모래 장난이 이렇게 멋진 예술 작품으로 발전할 수 있다는 새로운 시각을 심어줄 수도 있다.

● 컵 등을 이용하여 모래를 벽돌처럼 일정한 모양으로 만들어 쌓으면 더 재미있다.

● 모래성을 단단하게 쌓기를 원할 때는 모래에 물을 조금씩 섞어가며 쌓는다. 그렇게 하면 기초부터 단단하게 다져진 모래성이 완성된다.

"아들아, 너는 이미 실패와 성공을 다 경험했어.
예전에 캠핑 갔을 때 모래성을 쌓으며 놀았던 것 기억나니?
파도에 모래성이 무너지면 깔깔거리며 다시 쌓고
또 무너지면 또다시 쌓고.
인생도 마찬가지야.
실패해도 다시 시작하면 돼.
그때 네가 쌓았던 모래성이
얼마나 멋있었는지 기억나니?"

충남 서천해오름오토캠핑장

댐 만들기

초등학교 저학년까지의 아이들을 냇가에서 놀게 하면 대부분 돌을 쌓아 댐을 만드는 놀이를 한다. 이리저리 물길을 거스르도록 돌을 쌓고 땅을 파서 물길을 되돌리기도 한다. 마치 거대한 토목 공사의 축소판 같기도 하다.

누가 시키지도 않았는데 여기저기서 돌을 찾고 돌 사이로 갈라지는 물줄기를 보며 어떻게 쌓을까 고민한다. 여자아이들은 냇가에 돌 성을 쌓아 자기만의 영역을 표시한다. 동그랗고 귀여운 작은 노천 수영장 같은 모습이다.

냇가에서 노는 시간만큼은 좋아하는 일을 하겠다는 목적을 가지고 몰입하는 아이들을 보면 내심 부럽기도 하다. 늘 하고 싶은 것에 대한 동경은 있으나 막상 시간과 여건이 그렇지 못하여 그냥 바삐 살아가는 현실이 떠오르니 말이다.

아이들이 원하는 대로 돌을 찾아 쌓고 물길을 바꾸고 그렇게 한참을 놀다 다시 모든 것을 자연으로 되돌려 보내는 그 시간을 방해하지 말고 지켜봐주자는 것이다. 이것은 캠핑이 아이들에게 주는 또 하나의 선물이다.

이렇게 놀아요

● 돌로 댐을 쌓으면서 자신만의 수영장을 만들자고 제안해보자. 돌을 쌓아 각자 자신만의 공간을 만들고 나면 수영장, 목욕탕이라 부르며 즐거워한다.

중미산자연휴양림

돌 쌓기

9

준비물 돌

캠핑을 다니면서 아이들이 습관적으로 하는 놀이를 발견했다. 반질반질 조그마한 돌들을 보면 일단 쌓고 보는 것이다. 소원을 비는 돌탑이 있는 곳에는 물론, 누가 쌓아두지 않아도 알아서 돌탑을 만든다.

또 가끔은 무언가 소원을 빌기도 하는 것 같다. 무슨 소원이 그리 많은지 살짝 엿들어보면 블록을 사게 해달라, 최신 유행하는 장난감을 사게 해달라, 하는 식이다.

"소원은 빈다고 다 들어주는 게 아니야. 소원을 이룰 수 있도록 노력을 해야지."라고 말하고 싶지만 그건 아이들이 스스로 깨닫겠지, 하며 그냥 구경만 한다.

한 층 한 층 정성스럽게 쌓아 올리기도 하고 돌로 성이라도 만들 것처럼 잔뜩 쌓아 올리기도 한다. '오늘은 9층까지 쌓았으니 다음 캠핑 때는 기록을 갱신해볼까?'하며 다음을 기약하고 기다리는 마음도 갖는다.

보길도의 공룡알해변에서는 정말 공룡알처럼 보이는 큼직하고 둥근 돌을 찾아다니며 돌들이 어떻게 이리 다 비슷하게 생겼냐고 신기해했다.

"글쎄…… 원래는 바위였고, 파도에 부서지고 부서져서 결국은 모래가 되는 건데, 이런 돌은 그 중간 과정 아닐까?"

"그럼 왜 다른 데는 이런 크기, 이런 모양의 돌이 없지?"

"글쎄…… 여기는 오래전에 시간이 멈춘 것 같아. 계속 모래로 만들어졌어야 하는데…… 에잇, 아빠도 잘 모르겠다!"

모를 때는 모른다고 하는 게 좋다. 잘못된 지식을 심어주는 것보다는 사실을 스스로 알게 하는 것이 맞으니까.

돌을 보면 탑을 쌓거나 물에 던지며 놀기만 하던 아이들이 언제부턴가 돌을 자세히 관찰하기 시작했다. 무늬도 보고 색깔도 보고. 과학시간에 돌에 관해 배운다고 하면 더욱 자세히 들여다본다. 돌을 자세히 봐야 하는 나름의 이유를 찾은 것이다.

마땅히 놀거리가 없는 곳이라면 아이들에게 돌을 가지고 노는 방법을 알려주자. 게임기 없이도 충분히 재미있게 놀 수 있다는 것을 아이들은 이 자연의 장난감을 통해 깨닫게 된다.

● 아이와 아빠가 돌 쌓기 대결을 한다. 몇 층까지 쌓을 수 있는지 겨루면서 승부욕도 생기고 성취감도 느낄 수 있다.

● 돌 찾기 놀이를 한다. 제일 동그란 돌, 제일 긴 돌, 제일 검은 돌, 제일 흰 돌, 제일 반짝이는 돌 등, 한 가지 주제를 정해 누가 먼저 찾나 대결을 해본다.

보길도 공룡알해수욕장

덕유대자동차야영장

10
파도타기, 급류타기

여름 야외 활동에선 단연코 물놀이가 최고다. 더운 날씨를 시원하게 잊게 해주는 물놀이는 아이들은 물론 어른에게도 언제나 즐겁다. 파도타기를 즐기려면 동해안이 좋다. 여름 성수기의 경우 동해의 몇몇 해수욕장에는 야영을 할 수 있는 공간이 생겨 마음 편하게 즐길 수 있다.

파도를 온몸으로 맞기 위해 아이와 손을 잡고 파도가 치는 바다를 향해 나가면 아이는 겁이 나는지 긴장을 하고 아빠 손을 꼭 잡는다. 손을 잡아달라며 애타게 아빠를 찾는 아이를 보며 언제까지 나를 의지하며 찾을는지 모르겠지만 이 순간민큼은 따뜻하게 손을 꼭 잡아주고 싶은 마음이 든다.

여름 계곡에서는 바다보다 좀 더 거친 모험이 기다린다. 물살이 센 계곡은 특히 남자아이들의 훌륭한 놀이터가 된다. 이런 곳이라면 허리에 끼우는 형태의 튜브보다는 보트처럼 올라앉을 수 있는 것을 준비해가자. 도넛 모양의 튜브는 돌 위를 미끄러져 내려가게 되는 경우 다리를 부딪혀 크게 다칠 수 있으니 보트 모양 튜브가 더 안전하고 편리하다.

홍천 서봉사계곡 캠핑장의 계곡에는 맨몸으로 미끄러질 수 있을 정도의 반질반질한 바위 미끄럼틀이 있다. 아이들의 인기를 한 몸에 얻어 사람이 몰리는 시즌에는 줄을 서서 타야 할 정도다.

동해 동호해수욕장

캠핑지가 바다인지 계곡인지, 물의 깊이와 주변 환경(돌, 바위, 경사와 굽은 정도) 등을 고려하여 적절한 방법을 택해 물놀이 한 번씩은 꼭 해보자. 엄마 아빠와 한바탕 신나게 놀았던 여름날의 기억은 오래도록 잊히지 않고 남는 법이다.

주의할 것!

🍂 물놀이의 안전사고 대비에 대해서는 아무리 강조해도 지나치지 않을 것이다. 아이들끼리 물가에 내보내지 말아야 하고 위험 요소가 없는지 어른이 먼저 물에 들어가 살펴보아야 한다.

🍂 특히 급류 지역은 어른과 함께라도 피하도록 하고 바위 미끄럼틀을 탈 때는 떨어지는 지점에 어른이 서서 내려오는 아이를 받아주는 것이 좋다.

11

스노클링

준비물 스노클링 세트(마스크, 스노클, 오리발, 구명조끼)

스노클링은 아이들에게 환상적인 경험을 선사한다. 우리나라 바다 속 환경 대부분이 열대 지방에서 보는 것처럼 산호 숲에 열대어가 떠다니는 에메랄드 빛은 아니지만 한 번도 보지 못한 바다 저 아래의 모습을 보는 순간 반하고 만다.

스노클링을 할 장소로 가장 추천할 만한 곳은 제주도다. 열대 바다 속에서나 볼 수 있는 예쁜 물고기가 아이들을 흥분시키고 최고의 추억을 선물한다.

스노클링은 어느 때보다 듬직한 아빠의 모습을 보여줄 절호의 찬스다. 아이 손을 잡고 점점 바다 먼 곳으로 산책을 나가보자. 물속에서는 손짓으로 상대방과 사인을 주고받는다. 서로의 손을 끌어당기며 환상적인 장면을 공유하기도 하고 안전한 곳으로 안내하기도 한다. 물속에서 아빠는 아이를 사랑하는 마음을 그렇게 전하며 든든한 리더로서의 모습을 보여줄 수 있다. 감동의 순간을 아빠와 나눈 아이는 물속에서의 추억을 되새기며 "아빠 최고!"라고 엄지손가락을 치켜들어줄 것이다.

아이와 믿음, 신뢰, 사랑을 공유하는 경험. 일상에서는 그리 쉽지 않은 일을 야외 활동을 통해서는 더 쉽고 강렬하게 경험할 수 있다.

그동안 우리는 당연히 있을 자리에 있다고만 여기고 자연에 지나치게 무

제주 김녕(성세기)해수욕장

심했는지도 모른다는 생각을 한다. 아쉬운 만큼 아이들에게는 자연의 신비롭고 아름답고 감사한 모습을 하루라도 빨리 경험하게 해주자.

- 스노클링에 적합한 장소를 찾기 위한 인터넷 폭풍 검색은 필수!
- 스노클링을 시작할 때는 먼저 아이와 손을 잡고 산책하듯 물 위를 떠다닌다.
- 수중 촬영을 위한 준비를 해가는 것도 좋다. 바다 속 풍경을 오래도록 간직하기 위해 사진만큼 좋은 자료도 없을 것이다.

- 태풍이 지나간 이후에는 바다 속이 지저분하고, 수온이 갑자기 차가워진 경우(동해)에는 물고기가 나타나지 않으니 이때를 피해 날짜를 잡도록 한다.
- 스노클링 전 바다의 기상 상태를 꼭 확인하고 오리발과 구명조끼는 반드시 준비한다.

삼척 장호항

12

낚시

어릴 적 아버지와 낚시를 해본 경험이 있다면 그때가 얼마나 새롭고 소중한 기억으로 남는지 알고 있을 것이다. 미끼를 끼워주시고 낚싯대 던지는 법을 가르쳐주시고 물고기를 낚아 올리는 아버지의 모습은 정말로 위대해 보였다.

'아빠는 못하시는 게 없구나.'

나는 못해도 아버지가 하시는 건 당연해 보였고 대단한 기술을 가진 기술자처럼 보였다. 믿을 수 있는 수호신 같았다. 적어도 어린 시절 아이에게 아빠란 그렇게 슈퍼맨 같은 존재인 것 같다.

"아빠는 왜 이렇게 잘 낚아?"

"아빠가 너보다는 그래도 경험을 많이 했으니 잘하는 방법을 알고 있는 거야."

"그래도 난 너무 안 잡혀."

"안 잡히면 어때? 낚시는 세월을 낚는 거래. 또 낚시를 하면서 아빠와 이렇게 같은 곳을 바라보고 있잖아. 아빠는 그게 좋은데!"

아이들이 사춘기를 거치고 부모 품에서 멀어져 가더라도 이런 아빠의 모습을 '추억'으로 남겨둔다면 살면서 힘이 들 때 힘들다 말하고 도움이 필요

정선 졸드루야영장

할 때 도와달라고 나를 찾게 되지 않을까 생각해본다. 물고기를 얼마나 잡았는지가 아니라 노을 지는 바닷가에 앉아 대화를 나누었던 장면이 아들과 나를 단절되지 않게 이어줄 것이다.

그래서 나는 항상 차에 낚싯대를 준비해두고 캠핑지에 도착하면 어디 낚싯대 드리울 곳이 없나 살펴본다. 굳이 물고기를 잡으려 하기보다는 그냥 던져놓고 함께 기다리는 시간을 갖기 위해서다. 평소에는 각자 바빠 할 수 없었던 부자 간의 대화도 도란도란 나누고. 운 좋게 물고기를 잡는다면 그건 같은 시간을 공유한 것에 대한 자연의 선물인 것이다.

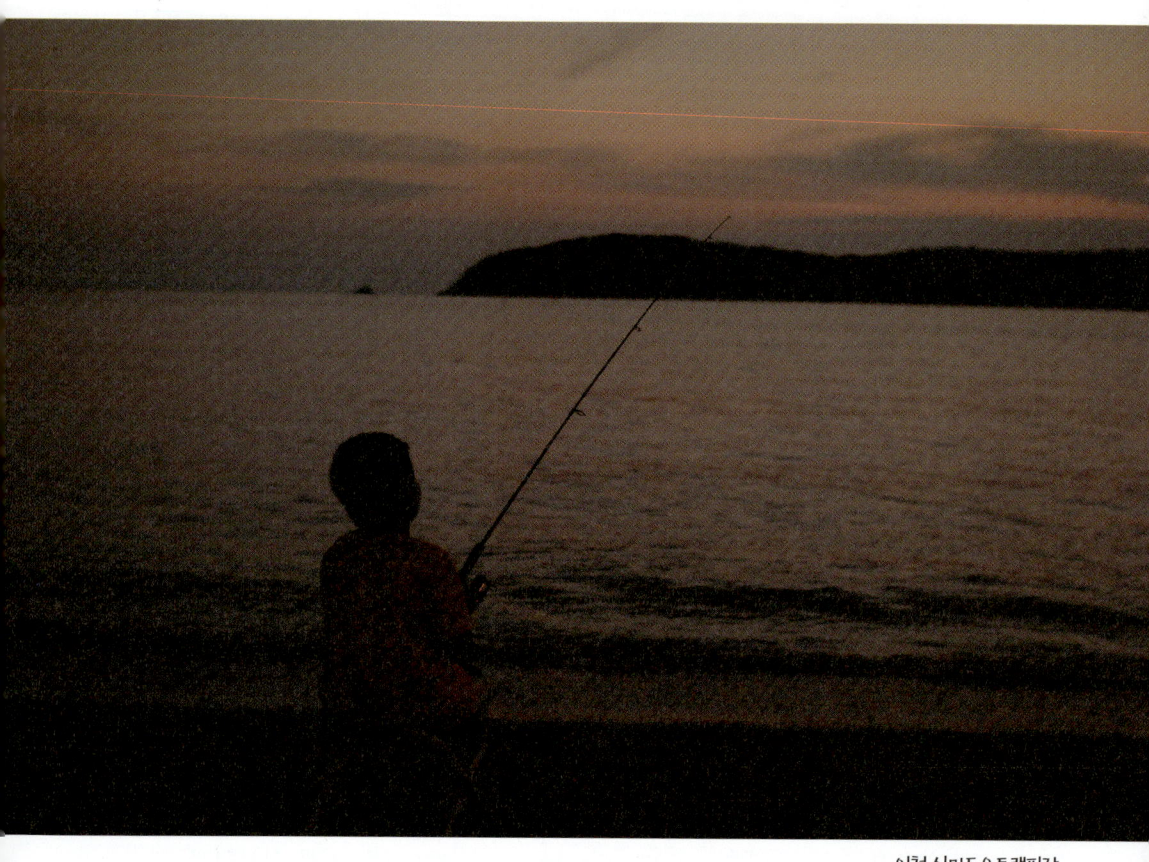

인천 실미도오토캠핑장

13

밤 따기

준비물 코팅 장갑, 바구니

무더웠던 여름이 지나고 가을이 깊어갈 무렵이면 밤나무가 있는 캠핑장으로 향한다. 캠퍼들이 모여 가을 따기가 한창인 가을의 캠핑장에서는 붉게 물든 단풍잎과 수줍은 듯 얼굴을 내밀고 있는 밤송이가 아이들의 친구가 되어준다. 밤을 따기도 하고 줍기도 하는 밤 따기는 아이와 어른이 함께하는 놀이다. 밤나무에 달려 있는 밤송이를 얻는 일은 어른에게도 쉽지 않다.

수확이 많지 않더라도 밤을 따는 과정 자체를 즐겨보자. 밤나무에 닿을 만한 긴 막대기를 구해 밤송이나 나뭇가지를 탁! 탁! 쳐본다. 아이들은 떨어지는 밤송이에 맞지 않으려고 저만치서 보고 있다가 밤이 한 송이라도 떨어지면 우르르 달려든다. 서로 차지하려고 싸우기까지 할 정도다.

아이가 어린 경우에는 나무에서 밤을 따는 것보다 떨어진 밤을 줍는 놀이를 하는 것이 좋다. 잘 익어 떨어질 때가 된 밤송이는 바람에 자기 몸을 맡겨 땅에 내려앉는다.

밤은 먹을 만큼만 줍도록 아이들에게 이른다. 수확의 기쁨을 만끽하고 하나씩 맛을 볼 정도면 된다. 남은 것은 다람쥐에게 양보하자고 아이들에게 이야기하면 금세 그러자고 한다. 겨울나기를 위해 식량 창고에 먹을 것을 채워

야 하는 다람쥐를 위해 아이들은 기꺼이 양보할 줄 안다.

  아직 여물지 않아 푸른색이 보이거나 하얀색인 밤은 따지 말아야 하는 것도 이야기해주자. 모든 일에는 때가 있으니 성급하게 시간을 거스르지 말아야 한다는 인생의 팁도 더불어 이야기해줄 수 있겠다. 떨어지는 밤송이가 아이들 머리나 얼굴에 맞지 않도록 항상 조심해야 한다.

주의할 것!

● 떨어지는 밤송이가 아이들 머리나 얼굴에 맞지 않도록 항상 조심한다. 아이들끼리 밤을 따는 경우 다치지 않도록 주의사항을 일러주고 주변 텐트 위로 밤이 떨어져 피해를 끼치는 일이 없도록 하자.

● 캠핑장에서의 밤 따기에 재미를 붙여 도심 속 밤나무나 은행나무의 열매를 따는 일이 없도록 잘 일러준다. 요즘에는 범법 행위가 될 수 있으니 허가된 장소에서만 밤을 따거나 주울 수 있도록 주의한다.

어비계곡힐링하우스작은캠핑장

안성승마오토캠핑장

14

눈썰매, 얼음썰매

준비물 눈썰매(대형마트에서 구매), 얼음썰매(현장에서 나무판으로 제작)

1년 내내 주말마다 캠핑을 다니는 편이다 보니 놀이공원이나 워터파크, 눈썰매장에 갈 기회가 별로 없다. 전국 곳곳 캠핑장을 다녀보기에도 시간이 모자라는데 꽤 비싼 입장료를 내며 그런 곳까지 가야 하냐고 아이들을 설득해보기도 수차례. 사실 아이들은 당연히 캠핑장 말고 놀이공원에 가보고 싶은 것을 안다. 단지 캠핑장에서 얻을 수 있는 여러 가지 추억과 자연의 선물을 하나라도 더 간직하고 싶은 아빠의 욕심 때문이다.

하지만 아이들도 캠핑장을 놀이공원보다 신나게 즐기는 때가 있다. 바로 '눈썰매'를 탈 때다! 눈썰매만큼은 입장료를 내고 들어가는 눈썰매장보다 캠핑장에 펼쳐진 자연 눈썰매장을 훨씬 더 좋아한다. 장소에 따라 변화무쌍하고 스릴 넘치는 자연의 눈썰매장이 아이들에게는 더 재미있는 것이다. 게다가 장소만 잘 찾으면 얼음이 꽁꽁 언 얼음썰매장까지 만날 수 있다.

자연 썰매장을 즐기려면 장소 물색부터 해야 한다. 출발해서 미끄러져 어디까지 가는 것인지 먼저 시뮬레이션을 해봐야 한다. 길이 나 있지 않은 곳에 길을 만들기도 해야 한다.

"저기까지 가야 하니까 이쪽에서 브레이크 잘 잡아."

"더 내려가면 올라오기 힘들겠다."

아이 둘이서 썰매장 설계라도 할 기세다.

인공적인 눈썰매장에서는 아이들이 탈 차례도 겨우 돌아와 어른은 탈 엄두도 못 냈었는데 자연 썰매장에는 사람이 없으니 아이들과 함께 실컷 탈 수 있다. 쉴 새 없이 타고 내려오니 체력이 곧 바닥날 정도다.

얼음썰매는 눈썰매보다 난도가 높다. 아이들은 얼음썰매에 앉는 것부터 어설프다. 양손에 같은 힘을 주고 얼음을 지쳐야 앞으로 나갈 수 있으니 처음에는 이리저리 비틀거린다.

아빠와 엄마도 어릴 적 추억에 빠져 신나게 아이들을 끌어주다 보면 하루해가 넘어갈 정도로 훌쩍 시간이 흘러 있을 것이다.

이렇게 놀아요

● 눈썰매는 대형마트에서 쉽게 구할 수 있다. 준비된 눈썰매가 없다면 두꺼운 비닐 등을 이용해보자. 단, 엉덩이가 아프다는 단점이 있다.

● 얼음썰매는 완제품을 구하기 어렵다. 얼음썰매 행사가 열리는 곳이 아니라면 직접 만들어야 한다. 어릴 적 할아버지가 만들어주신 나무판자 썰매의 기억을 더듬어 만들 수밖에. 다행히 요즘은 몇몇 캠핑장에 얼음썰매가 구비되어 있다.

주의할 것!

● 눈썰매나 얼음썰매 모두 넘어지거나 추돌하는 사고가 발생할 수 있으니 각별히 주의하자. 두꺼운 장갑과 모자 등 최소한의 안전 장비는 필수! 어른 한두 명이 보초를 서 아이들이 노는 것을 지켜보도록 한다.

평창 아트인아일랜드

인제 자작나무오토캠핑장 옆 숲길

15

무전기놀이

준비물 무전기

아이들과 숲길 산책에 나설 때면 아이들은 어느새 나무 사이로 빨려 들어가기라도 한 듯 금세 시야에서 사라지고 만다. 몇 번을 "얘들아~, 같이 가자~, 같이 가자~." 불러도 숲길에서 시합이라도 하듯 꺄르르르 웃으며 달려간다. 누구보다 먼저 숲길을 맞이하고 싶다는 듯이. 다른 길로 빠질 곳 없는 외길이라지만 뒤따라가는 엄마 아빠는 아이들이 길을 잃을까 내심 불안하다.

이렇게 몇 번의 산책을 반복하다 어느 날부터 아이들 손에 무전기를 쥐여주었다.

"앞서 가다 혹시 무슨 일이 있으면 보고하라! 알았지?"

"네!!!"

어른이 안심하려고 시작한 것인데 어느새 아이들에겐 놀이가 되었다. 무전기놀이. 마치 정찰병이라도 된 것처럼 신이 나서 무전기놀이를 시작한다.

멀리 무전기 너머에서 들려오는 아이들 소리는 약간의 흥분과 긴장감이 섞여 있고 맡은 임무를 성실하게 수행하려는 각오까지 보인다. 그냥 들으면 시시콜콜한 이야기들이 무전기를 사이에 두고 왔다 갔다 하면서 그 자체로 즐거움을 준다.

태백 두문동재 트레킹

"여기 나무가 쓰러져 있다. 오버!" "여기 땅에 물이 많이 있다. 조심하라! 오버!" "여기 약수 나오는 데가 있다. 여기서 쉬고 있겠다. 오버!" 아이들의 무전 소리다.

먼저 가지 말라고 계속 똑같은 잔소리 아닌 잔소리를 하는 것보다 그 상황을 즐길 수 있도록 만들어주는 것도 부모가 할 일이다. 산책이든 숲길 트레킹이든, 무슨 일이나 해봐야 좋은지 싫은지 힘든지 할 만한지, 후회를 하든 스스로 만족하든 느낄 수 있다.

나중에 아이들 이야기를 들어보니 너무 멀리 떨어져 무전이 안 되면 조금 겁이 났다고 한다. 이러다 엄마 아빠를 잃어버리는 건 아닌지 싶어서. 그럼 그렇지. 아직은 부모와 떨어지기에는 불안한 나이다. 얼마든지 마음껏

앞서 가게 해보니(무전기를 쥐여줬기에) 아이들 스스로가 너무 멀리 가면 안 되겠다는 것을 깨달았다.

아이들과 무전기로 연락하는 것은 휴대진화로 통화히는 것과 비교도 안 되는 재미를 준다. 어릴 적 종이컵에 긴 실을 연결해 전화놀이를 하던 때를 떠올리게도 한다. 마치 긴 고무줄로 아이와 연결되어 저만치 앞서 가도 끊어지지 않고 제자리로 돌아오게 하는 장치 같기도 하다.

언젠가는 무전기를 버리고 아빠를 떠날지 모를 일이지만 아이들과 무전기놀이를 하며 숲을 거닐던 그 순간만큼은 꼭 간직하고 싶다.

16

소꿉놀이

준비물 소꿉놀이 세트 또는 캠핑 취사 도구, 흙, 모래, 자갈, 나뭇잎

여자아이들에게 소꿉놀이는 크면서 꼭 한 번씩 거쳐가는 재미다. 소꿉놀이 장난감이나 엄마의 부엌 살림을 꺼내다 자기들끼리 역할을 정하고 밥을 지어 먹이는 흉내를 낸다.

캠핑을 하러 가면 여자아이들뿐 아니라 남자아이들도 소꿉놀이를 한다. 유치원생도 아니고 다 큰 초등학생 남자아이까지도 동생이나 또래들과 모여 앉아 소꿉놀이를 하고 있다. 누군가 집에서 가져온 소꿉놀이 세트나 캠핑 취사 도구인 코펠의 크고 작은 그릇, 컵 등이 모두 도구가 되어 여기에 흙, 모래, 자갈, 나뭇잎, 물 등으로 음식을 만들어 담는다.

나는 남자아이들이 소꿉놀이하는 것을 권장하는 편이다. 예전에는 단순히 여자아이들은 엄마가 되고 남자아이들은 아빠가 되어 여자아이들이 만든 음식을 남자아이들이 먹는 식으로 놀았다면 이제 그것은 현실성 없는 설정이 되었다. 각종 TV 프로그램에 요리 잘하는 남자들이 등장하고 남자 셰프들이 근사한 요리를 선보인다. 음식은 이제 단지 먹는 것의 의미를 뛰어넘어 창작 활동의 산물로 인식되는 시대이니까. 소꿉놀이는 아이들이 창의력을 발휘할 수 있는 좋은 기회라는 생각에 캠핑을 준비할 때 소꿉놀이 장난감을 항상 가지고 다니게 되었다.

　아이들은 자연의 재료로 나에게 차려줄 밥상을 준비한다. 작은 조약돌로 스테이크 위를 장식하는 모양을 내고 모래를 후춧가루 삼아 솔솔 뿌린다. 이름 모를 잡초를 곁들여 낸다. 모래에 물을 조금 섞어 으깨고 강물을 떠와 '모래수프'를 끓인다. 강가에 피어 있는 꽃이나 열매를 이용해 샐러드를 만든다. 이렇게 한 상 차려놓고 나를 부른다.

　아이들의 반짝반짝 빛나는 아이디어로 차려진 밥상은 이 세상 어디에도 없는 이름의 음식이 되기도 한다.

　'청정 금강 모래를 곁들인 신선한 나뭇잎수프!'

　여러 가지 색의 꽃 반찬들로 한 상 근사하게 차려질 봄이 기다려지는 이유도 바로 아이들의 반짝이는 아이디어로 차려낸 정성스런 밥상이 몹시도 반갑기 때문이다. 다음 캠핑에선 또 어떤 이름의 음식이 나올까?

남양주 봉서원더시크릿가든

나뭇잎배 레이스

17

준비물 나뭇잎 또는 풀잎, 나뭇가지

9월이면 한더위가 물러나 물에 들어가 놀기에는 차가운 날씨가 된다. 이 무렵부터는 냇가에서 나뭇잎이나 풀잎, 나뭇가지 등으로 배를 만들어 레이스를 펼쳐보는 것도 좋다. 조용히 흐르는 계곡도 좋겠지만 큰 바위가 군데군데 있어 물살이 갑자기 바뀌거나 폭포처럼 물이 떨어지는 곳이라면 더욱 재미있다.

레이스가 시작되면 아이들은 마치 나뭇잎배 위에 누가 올라타기라도 한 것처럼 쉴 새 없이 이야기한다.

"오른쪽, 오른쪽! 왼쪽! 안 돼~, 그쪽으로 가면 안 돼~, 으악~~~ 폭포다!"

떠내려가는 나뭇잎에 제 몸을 싣고 센 물결을 헤쳐나가는 용감한 마법사라도 된 양 목소리가 의기양양하다. 아무리 말해봤자 나뭇잎은 그저 물길에 맡겨져 떠내려갈 뿐인데 우연히 말대로라도 가게 되는 순간이면 그렇게 신나 할 수가 없다.

승부욕이 달아오르면 아이들은 서로 앞다퉈 소리를 질러댄다. 나뭇잎은 흘러가다 큰물을 만나 뒤집어지거나 큰 바위 사이, 소용돌이 등에 갇혀 더 이상 내려가지 않는 경우도 있다. 그것도 나뭇잎배 레이스에서의 특별한 이

광덕그린농원오토캠핑장

벤트이다.

예상치 못했던 일은 항상 아이들을 즐겁게 한다.

큰물도 건너고 단단한 바위에 부딪히면서도 다시 흘러가는 나뭇잎이 영락없는 아이들의 모습이다. 큰물은 앞으로 살아갈 인생이고, 그 세월에 몸을 실어야 하는 것이 우리의 자식들이지만 예상치 못한 역경도 다 잘 이겨내고 큰 바다와 만나는 나뭇잎이 되었으면 하는 바람을 가져본다.

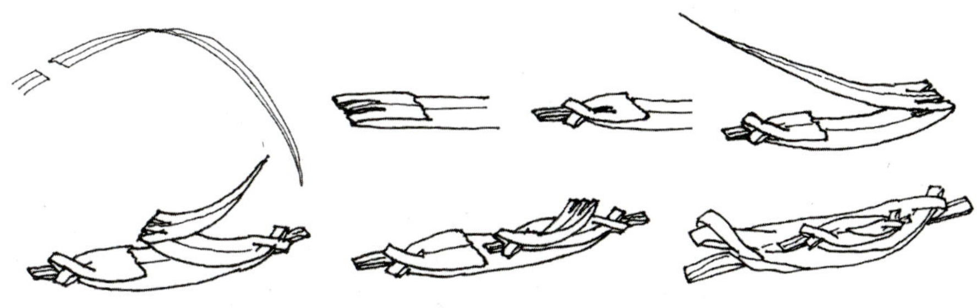

풀잎으로 배 만들기

18

돋보기놀이, 망원경놀이

준비물 돋보기, 망원경

하루 종일 캠핑장에서 뛰노는 아이들에게 자연에 조금 더 집중해볼 수 있는 시간을 만들어주자. 돋보기와 망원경을 이용해 땅에 기어 다니는 작은 벌레, 이름 모를 풀과 나뭇잎, 나무의 작은 틈새, 새순이 돋아나는 나뭇가지, 먼 산에 핀 꽃, 하늘 높이 나는 새, 밤하늘의 별 등을 관찰하도록 한다. 처음에는 이게 무슨 재미냐며 흥미를 보이지 않을 수도 있는데 그러다 뭔가 호기심을 자극하는 작은 것 하나라도 발견하게 되면 그때부터 아이들은 스스로 과학자가 되어 끊임없이 자연 속 이것저것을 관찰하러 나선다.

돋보기로 꽃을 들여다보면 꽃은 그냥 꽃이 아니라 그 속에 암술, 수술, 꽃받침이 있다. 교과서에서 본 것을 실물로 확인하게 된다. 머리, 가슴, 배로 나뉘어 있고 끊임없이 더듬이를 움직이며 재빠르게 지나가는 개미와도 만날 수 있다.

소나무의 껍질을 들여다보던 작은 아이가

"어? 엄청 여러 겹이네? 와, 이 안에 벌레도 사나 봐!" 하며 기뻐한다.

평소에는 눈여겨보지 않던 대상을 발견했다는 기쁨과 몰입하는 즐거움을 느낄 수 있다면 이보다 더 좋은 공부가 어디 있겠는가. 이렇게 사물을 바라보는 시각이 넓어져 자연을 해석할 수 있는 능력이 아이 가슴속에 자라난

안성 승마오토캠핑장

다면 더 바랄 것이 없겠다는 생각이 든다.

더 넓은 자연으로 나가게 해주는 도구는 바로 망원경이다.

한번은 앞이 탁 트여 전망이 좋은 바닷가에서 아이가 망원경으로 먼 바다를 보고 있었다.

아이에게 뭐가 보이는지 물었다. "아빠, 자유가 보여~."라는 말을 기대했지만, "아니, 아직 아무것도 안 보여."라고 대답한다.

혼자 픽 웃었던 기억이 난다.

조금 있으니 아이는 고기잡이배나 가끔 수면 위로 뛰어오르는 숭어, 갯바위 위에 앉아 있는 갈매기 등을 발견하고는 "와! 보인다. 보여~." 하며 발견의 기쁨을 누렸다.

멀리 떨어져 있을 때 보이는 것과 망원경을 통해 가까이에서 보는 것이 다르다는 것, 가까이 보면 멀리서 보는 것과는 또 다른 풍경이 펼쳐진다는 것을 알았을까? 아무리 잔잔한 바다라고 해도 자세히 보면 끊임없이 파도가 치고 있다는 것을 알았을까?

먼 바다, 먼 하늘을 보는 것처럼 인생을 멀리 보며 살았으면 하는 바람과 함께 또 한 번의 캠핑이 끝나간다.

❀ 돋보기를 들고 캠핑장 주위의 꽃과 나무를 관찰하게 한다. 살아 있는 개미나 무당벌레 등 작은 생물을 관찰하고자 할 때는 페트병이나 유리그릇에 넣어 동물의 행동반경을 줄인 다음 관찰하면 자세히 볼 수 있다. 물론 관찰이 끝나면 생물이 자연으로 되돌아가도록 놓아준다.

❀ 망원경으로 해변에서는 멀리 지나가는 배를, 강에서는 건너편 나무에 앉아 있는 새를 관찰해보자. 보름달이 환한 밤에는 달을 유심히 관찰해보도록 한다.

❀ 햇빛이 강한 낮에 돋보기로 한곳을 오래 비추다 보면 나뭇잎이나 종이 등에 불이 붙을 수 있으니 주의하자. 또 돋보기나 망원경을 통해 햇빛을 바라보면 눈에 좋지 않으니 어른들의 지도가 필요하다.

춘천 용화산자연휴양림

안성 승마오토캠핑장

남해 사촌해수욕장

19

함정놀이

준비물 땅을 팔 수 있는 도구(장난감 삽 또는 진짜 삽, 컵 등)

내가 어릴 적에는 요즘 같은 장난감을 흔히 볼 수 없었다. 요즘 아이들이 가지고 노는 형형색색의 장난감을 보고 있자면 "세상 참 좋아졌다. 나 어릴 때는 이런 장난감이 어디 있었어?" 하게 된다. '이런 장난감 없이도 참 재미있게 잘 놀았었는데…….' 하는 그리움과 함께.

집에서 장난감을 챙겨 온 경우가 아니라면 캠핑장에서 아이들은 꼭 우리 어릴 때처럼 놀게 된다. 이 또한 자연을 놀이 도구 삼아 새로운 경험을 할 수 있는 기회다. 캠핑을 떠날 때는 되도록 집에서 놀던 장난감은 두고 가도록 하자. 물론, 아이가 아직 어린 경우라면 낯선 환경에서의 불안감을 잊게 하도록 평소 아끼는 장난감 하나쯤은 챙겨 가야 하지만.

장난감이 전무한 환경에서 '무엇으로 어떻게 장난감을 만들어 놀까?' 하는 생각을 하도록 여건을 만들어주자.

내가 아이들에게 추천한 것은 함정놀이다.

"애들아, 너희 함정 한번 만들어봐. 겉으로 표시가 나 들키지 않게 말이야." 아이들에게 은밀한 비밀 미션을 주문해본다. 짓궂은 장난은 아이들의 전유물이니 누군가를 빠뜨릴 함정을 만든다는 것에 제법 구미가 당길 것이다. 남자아이 여자아이 할 것 없이 다들 신나서 하는 놀이다. 누구를 빠뜨릴 것인가도 각자 몰래 정한다. 누군가에게 장난을 걸기 위해 열심히 땅을 판 다음 주위의 나뭇가지나 나뭇잎, 물건 등을 이용하여 구멍을 가려놓는다. 이제 아이들은 위장술까지 배웠다.

함정놀이의 타깃은 보통 아빠다. 자기들끼리 신나게 함정을 파놓고 아빠를 부른다. 이때 중요한 건 함정이 있다는 사실을 모른 척하는 것이다. 모르는 척 함정에 빠지면서 깜짝 놀랐다는 오버액션을 해주면 아이들의 미션은 성공!

아이들과의 캠핑에서 잘 놀아주는 아빠가 되려면 이렇게 개그 본능까지 갖춰야 한다. 요즘 같은 세상에 이런 장난을 어디서 해보겠는가. 이런 아이다운 놀이를 캠핑장이 아닌 곳에서는 해볼 도리가 없으니 캠핑을 기회 삼아 아이들에게 마음껏 웃고 놀 수 있는 자리를 마련해주자.

이렇게 놀아요

- 아빠와 아이가 같은 편이 되어 함정을 파고 엄마를 불러 빠뜨려보자. 아빠와 아이 사이에 강한 연대감이 생겨 사이가 한층 돈독해질 것이다.
- 함정놀이에 적합한 캠핑장은 바닥이 모래인 곳이니 알아두자. 흙은 큰 구멍을 파기에 어렵고 바닥이 파쇄석인 캠핑장에서는 불가능하다.

주의할 것!

- 함정을 지나치게 깊이 파면 안전상의 문제가 생길 수 있다. 놀이가 끝나고 나면 함정을 다시 메워 원상태로 복구시킨다. 그대로 두면 누군가 모르고 지나가다 빠져서 다칠 수 있다.

태안 청포대오토캠핑장
어비계곡힐링하우스작은캠핑장

사진 찍기

20

준비물 사진기, 휴대전화

어느새 아이가 훌쩍 커버렸다고 느낄 때가 종종 있다. 아직은 한참 어린 아이 같은데 언제부터인지 내가 하는 행동, 내가 먹는 음식, 심지어 내가 가진 장비까지 그대로 흉내 내려고 한다. 몇 해 동안 캠핑을 다니는 사이 아이들의 몸도 마음도 많이 자랐다.

요즘은 "나도 아빠처럼 블로그 할까?" 하면서 내 사진기를 탐낸다. 어느새 슬쩍 사진기를 목에 걸고 나서 이곳저곳 사진기에 담아본다. 경치가 좋은 곳에 가면 어김없이 사진기를 들이대면서 사진을 찍고 친구들에게 자랑을 하기도 한다.

한번은 사진을 정리하다가 내 뒷모습이 찍힌 사진을 봤다. 아이가 언제 셔터를 눌러 찍은 건지도 모르는 사진 한 장. 아이의 시선이 고스란히 묻어 있는 내 모습을 보니 문득 아이의 생각이 궁금해졌다. 무슨 생각을 하며 나를 바라봤을까. 사진을 정리할 땐 캠핑의 추억을 곱씹으며 가끔 이렇게 감상적이 되곤 한다.

아빠와 관심거리가 점점 같아지는 아이들을 보면서 반갑기도 하지만 이제 마냥 어린아이 대하듯 하면 안 되겠다는 생각이 들면서 어쩐지 서운하고 조심스럽기도 하다.

‘이렇게 커가는 거구나. 점점 아이의 세계에서 어른의 세계로 넘어오고 있구나.’

캠핑은 아이가 성장해가는 모습을 눈과 마음으로 볼 수 있는 참 행복한 취미 활동이다.

사진기를 아이의 목에 걸어주고 아이의 시선으로 아빠, 엄마, 자연를 찍게 해보자. 별이 뜨는 밤에 모닥불 가에 같이 앉아 찍은 사진들을 보면서 도란도란 이야기하고 있노라면 밤이 무척 길다.

밤이 진짜 진짜 아름답게 길다.

🍂 사진기를 아이의 목에 걸어주고 아이의 시선으로 주변의 자연과 아빠, 엄마, 형제, 친구들을 찍어보게 하자. 별이 가득한 밤하늘 아래 모닥불 가에 모여 앉아 낮에 아이들이 찍은 사진을 보면서 도란도란 이야기를 나누는 것도 캠핑의 별미라 할 수 있다.

🍂 블로그나 SNS 활동을 하는 것을 어느 정도 선을 정해 허락하는 것도 좋다. 아이들로 하여금 자기가 찍은 사진을 정리해 올리고 그 밑에 글을 써보는 기회를 갖게 하는 것은 참 좋은 공부가 된다. 아이가 어떤 생각을 하며 지내고 있는지 독자가 되어 아이의 글을 읽어보는 것도 꽤 재미있다.

화천 광덕그린리조트
가평 자라섬오토캠핑장
전북 운장산자연휴양림

여럿이 모이면
더 재미있어요

1. 단체줄넘기

2. 줄다리기

3. 수건돌리기

4. 야외극장

5. 야광팔찌, 불꽃놀이

6. 해먹 타기

7. 비눗방울놀이

8. 음료수병 볼링 +음료수병 맞히기

9. 물수제비 뜨기

10. 물총놀이 +물풍선 받기

11. 나뭇잎 그림 그리기

12. 돌에 얼굴 그리기

13. 보드게임 +컵 쌓기

14. 핼러윈데이

단체줄넘기

준비물 단체줄넘기용 긴 줄넘기 또는 긴 끈

캠핑장에서는 이웃의 아이들과 금세 친구가 된다. 엄마 아빠를 따라 캠핑을 즐기러 왔다는 공통점이 아이들을 하나로 뭉치게 한다. 순수한 아이들 모습에 흐뭇해지는 순간이다.

여럿이 모였을 때 할 수 있는 놀이 중 아주 단순한 게임을 하나 소개하자면 단체줄넘기다. 초등학교 체육시간에나 해봤을까, 한동안 잊고 있던 놀이다. 긴 끈을 준비해 아이들에게 한 줄로 서서 뛰는 방법을 가르쳐줬다. 단체줄넘기는 개인전이나 단체전이 모두 가능하고 어린아이부터 중학생까지도 어울려 놀 수 있다.

예를 들어, 개인전으로 할 경우 '누가 제일 많이 넘나', '줄을 열 번 넘고 나가기', '꼬마야 꼬마야 노래에 맞춰 줄 넘으며 율동하기' 등의 미션을 수행할 수 있다. 단체전은 우선 팀을 나누어 '한 명당 열 번씩 릴레이로 넘기',

남양주 봉서원더시크릿가든

‘한 팀이 한 번에 모두 통과하기’ 등으로 겨룰 수 있다.

적당한 경쟁 의식과 승부욕을 갖게 해주고 함께 뛰노는 가운데 협동심과 사회성도 기를 수 있다.

🍁 문구점이나 마트에 가면 길이가 긴 단체줄넘기용 줄넘기를 쉽게 구할 수 있다. 길이가 짧은 줄넘기를 이어서 사용하면 줄을 넘다 걸려 넘어지거나 매듭 부분에 걸려 다칠 수 있으니 긴 줄넘기를 이용하도록 한다.

🍁 만일 줄을 돌려줄 사람이 부족하다면 한쪽 끝은 나무에 묶고 반대쪽 끝만 한 명이 줄을 잡고 돌려도 된다.

🍁 어른이 줄을 돌려주는 것이 가장 안전한 방법! 아이들이 긴 줄을 돌리다가 줄에 얼굴을 맞는 경우가 종종 있다.

2
줄다리기

준비물 굵고 긴 줄

초등학교 시절, 하늘 높고 푸른 가을이면 운동회를 기다리며 설레던 기억이 난다. 청팀 백팀으로 나누어 승부를 가르는 운동회의 하이라이트는 언제나 단체 줄다리기였다. 어느 팀의 승리냐를 결정짓는 마지막 한 방이라고 할까? 그때 생각에, 한번은 캠핑장에서 아이들을 불러 모았다.

팀을 나누고 겨루게 했더니 아이들은 온 힘을 다해 줄을 당기며 열정적으로 놀이에 참여한다. 아이들은 팽팽하게 당겨진 줄의 긴장감이 온몸으로 퍼지자 희열을 느낀다. 요즘 아이들에게도 줄다리기는 꽤 재미있는 놀이인가보다. 캠핑장에서 친구들과 함께한다는 특수성도 한몫했겠지만.

한편끼리는 서로 협동해서 자기 팀을 승리로 이끌 작전 타임도 갖는다. 어른이 양쪽 팀에 공평하게 코치를 해줘야 할 때도 있다. 한두 가지 놀이만 더 곁들이면 캠핑장의 '미니 운동회'가 되는 셈이다.

줄다리기는 이기든 지든 그 결과에 이르는 과정을 즐기고 느껴보도록 하는 데 의의가 있다. 열심히 힘을 합해 노력하면 원하는 바를 이룰 수 있다는 이치와 지더라도 패배를 정정당당히 인정할 줄 아는 법을 배우게 된다. 아이들이 신나게 줄다리기를 하고 이와 같은 인생의 지혜 한 가지를 터득했다면 이번 캠핑도 성공이라고 말할 수 있다.

금산 적벽강오토캠핑장

이렇게 놀아요

🍁 어른들은 줄 양쪽 편에 아이들을 균형 있게 배치해주도록 한다. 아이들의 키, 몸집 등에 따라 힘이 어느 한쪽 팀에 치우치지 않도록 줄을 잘 세우자. 한쪽 팀으로 힘이 치우쳐 승부가 금세 나버리면 아이들이 재미없어 하거나 불공평하다고 항의할 것이다.

주의할 것!

🍁 줄을 잡고 당기다 마찰 때문에 손을 다칠 염려가 있으니 면장갑을 준비하자. 어린아이가 함께하는 경우 넘어지지 않도록 뒤에서 도와주도록 한다.

3

수건돌리기

준비물 수건

요즘 아이들은 어떤지 모르겠지만 엄마 아빠들에게는 아주 익숙한 놀이다. 소풍을 가면 꼭 빠뜨리지 않고 하던 수건돌리기. 친구들과 동그랗게 둘러앉아 노래를 부르며 술래 한 명이 한 아이의 등 뒤에 몰래 수건을 놓고 한 바퀴 돌아와 그 아이를 잡는 놀이다. 술래에게 잡히기 전에 알아차리면 술래가 지는 것이고 끝까지 모르면 그 아이가 술래가 된다. 남자아이들은 으레 자기가 좋아하는 여학생 뒤에 수건을 놓아두었다. 지금 생각해보면 좋아하는 아이에게 수건을 놓을 것이 아니라 그 옆자리 아이에게 수건을 놓아 술래가 되도록 한 뒤에 좋아하는 아이 옆자리에 앉아 노는 것이 훨씬 더 좋은 방법이었을 텐데 말이다. 새삼 그런 생각이 들어 피식 웃었다.

아이들이 유치해하지 않을까 싶으면서도 한번 해보자고 했더니 의외로 반응이 좋다. 등 뒤를 더듬어 수건을 찾고 술래가 되지 않기 위해 기를 쓰고 달리는 모습이 정말 재미있다. 요즘 세상이 아무리 디지털에 점령당했다 하더라도 아날로그 감성의 아빠 세대에서 느꼈던 즐거움은 고스란히 전해지는 듯하다. 휴대전화와 게임기에 익숙한 아이들을 보며 내심 걱정스럽고 아쉽던 마음에 조금 위로가 됐다.

캠핑에서 돌아오는 길에 아까 작은아이가 벌칙으로 부르던 노래를 들려주었다.

“아빠, 나 이 노래 좋아하는 거 어떻게 알았어?”

아이는 아빠와 뭔가 통한다는 것만으로도 크게 기뻐하곤 한다. 평일에는 얼굴 볼 시간도 거의 없으니 일부러라도 이런 기회를 자주 만들어볼 만하다. 아이들이 더 크기 전에.

🔸 술래에게 잡히거나 새로운 술래 만들기에 실패한 사람에게는 벌칙 미션을 수행하게 하자. ‘엉덩이로 이름 쓰기’. 참 유치할 것 같지만 아이들 눈높이에 딱 맞는다. ‘노래 부르기’ 벌칙은 요즘 아이들이 어떤 노래를 즐겨 부르는지 알 수 있는 좋은 기회가 된다.

4

야외극장

준비물 노트북 또는 소형 프로젝터, 스크린(또는 흰색 천)

캠핑을 시작한 뒤로 마음속에 항상 그려오던 장면이 있다. 별이 빛나는 밤하늘 아래 살살 부는 바람을 맞으며 영화를 감상하는 일! 타닥타닥~ 모닥불을 피워놓고 서늘한 밤공기를 맞으며 심야 영화 한 편을 감상하는 것은 캠퍼의 로망으로 부족함이 없는 호사다. 금요일 퇴근 후 지친 몸을 이끌고 캠핑장에 도착한 수고도 잊게 만든다.

늘 어른들이 볼만한 영화를 고르다 문득 아이들도 영화관이 아닌 '야외극장'에서 영화를 본다면 오래오래 간직할 좋은 추억이 되지 않을까, 생각했다. 그 후로 가끔 노트북이나 프로젝터 등의 장비를 챙겨 간다. 캠핑장에 도착하면 우선 오늘 밤 상영할 영화 후보작 몇 편을 공개한다. 어떤 영화를 볼지는 아이들끼리 의논하여 정하도록 한다. 만약 한여름의 캠핑이라면 아이들이 다 같이 깔깔깔~ 웃으며 보기에 좋은 만화 영화가 아닐까 싶다. 공포물을 좋아하는 녀석도 있지만 몇몇 여자아이들은 겁을 먹고 울어버리기도 한다.

노트북을 펼쳐놓고 보여줘도 좋지만 프로젝터가 있다면 더욱 근사한 야외극장이 완성된다. 프로젝터가 있더라도 스크린을 준비하기 어렵다면 흰색 천 하나만 있으면 된다. 오히려 더 운치 있어 즐거움을 더한다. 영화 상영 준비 과정을 아이들이 돕도록 하는 것도 좋다. 화면 앞쪽에 줄 맞춰 의자를 놓고 영화를 보면서 먹을 간식거리도 모아 오도록 시킨다.

영화가 끝날 무렵이면 어린 관객들은 하나둘 각자의 텐트로 돌아간다.

"애들아, 재미있는 꿈 꿔~."

영화 상영을 무사히 마쳤다는 뿌듯함에 아빠도 기분 좋은 순간이다.

날씨가 좋지 않거나 가족끼리만 캠핑을 간 경우에는 텐트 안에서 조용히 감상하는 것도 좋다. 그럴 때는 노트북을 이용하면 된다.

이 글을 쓰며 아이들과의 추억을 더듬다 보니 예전에 아내 없이 아이들만 데리고 캠핑을 갔던 일이 생각났다. 그날도 아이들과 함께 볼 영화를 준비해 갔다. 아이들은 엄마가 없는 틈을 타 평소에는 금지되어 있는 과자를 먹으며 묘한 해방감마저 느끼는 듯했다. 테이블 위에 두 아이와 나까지 발을 올려놓고 꼼지락거리다 발가락이 비슷하게 생겼네, 하는 영화 이외의 시시콜콜한 대화도 해가면서. 이 짧은 시간에 아이들과 꽤 많은 대화를 나누고 교감을 한 듯한 기분이었다.

캠핑장에서 보는 영화에는 아이들이 바로 주연이다. 조연은 별빛 달빛이고 나는 영화감독이 된 듯하다. 이 소소하지만 매우 소중한 추억에 요즘도 종종 영화를 준비해 간다.

야광팔찌, 불꽃놀이

준비물 야광팔찌, 폭죽

캠핑장의 밤은 어른이나 아이 모두에게 새롭고 흥분되는 시간이다. 도심에서야 날이 어두워지면 집으로 돌아가는 것이 전부지만 야외 캠핑장에서는 다르다. 랜턴에 불을 밝히면 캠핑의 2부가 시작된다. 빨간 노을이 지고 달이 뜨는 것을 지켜보는 순간도, 별빛이 쏟아지는 장관을 감상하는 시간도 모두가 감동이다. 해가 지기도 전에 집 안으로 들어와버려 달빛도 별빛도 맞이해본 기억이 없는 아이들에게도 캠핑장의 밤은 들뜨고 반가운 시간일 것이다.

이런 아이들의 밤을 더욱 신비롭게 만들어줄 선물을 하나 준비해보자. 다름 아닌 야광팔찌다. 특히 아이들이 많이 모인 날이면 더욱 재미있는 놀이 도구가 된다. 넉넉히 준비해 간 야광스틱을 아이들 손에 하나씩 들려주면 어른인 나조차 마치 대장이라도 된 듯 신이 난다. 야광스틱으로 팔찌나 목걸이, 안경, 훌라후프 등 다양한 모양의 액세서리를 만들 수 있다.

각자의 장난감이 완성되면 어두운 곳을 찾아 형형색색의 야광물체를 뽐낸다. 음악을 틀고 야광장식을 하늘 높이 흔들며 신나게 춤을 추는 시간을 마련해주자. 성격이 내성적이어서 친구를 쉽게 사귀지 못했던 아이도 이 시간이면 함께 어울려 신나게 즐긴다.

캠핑장의 안전을 위해서도 꽤 유용하다. 밤에 아이들이 어디서 놀고 있는지 훤히 보여 안심할 수 있고 야광팔찌를 타프 줄이나 텐트 주위에 걸어두면 어두운 밤길을 비춰주기도 한다.

캠핑의 밤을 아름답게 만들어줄 놀이를 한 가지 더 소개한다. 바로 불꽃놀이다. 반짝반짝, 팡! 팡! 슈~ 슈~ 소리를 내며 터지는 불꽃은 아이들을 꿈과 환상의 세계로 데려간다. 불꽃이 튀기 시작하면 아이들은 밤하늘을 스케치북 삼아 동그라미도 그리고 별도 그린다.

하지만 폭죽을 이용하는 불꽃놀이는 상당한 위험을 동반하고 소음으로 주변에 피해를 줄 수 있으니 반드시 장소와 상황을 고려하여 선택해야 할 놀이임을 밝혀둔다.

안전한 상황에서 주변을 배려하며 즐기는 불꽃놀이는 같은 날 같은 캠핑장을 찾은 주변 캠퍼들에게도 즐거운 볼거리를 선사하는 괜찮은 놀거리라는 생각이 든다.

주의할 것!

● 폭죽놀이는 주변으로부터 그다지 환영받지 못하는 아이템 중 하나다. 특히 조용한 분위기에서 캠핑을 즐기고 싶어 하는 이들은 한밤중 폭죽 소리가 거슬릴 것이다. 주변을 고려하여 시도하고, 바람에 불꽃이 날려 텐트 등에 구멍이 나는 경우가 있으니 각별히 주의하자.

● 야광팔찌의 경우 어린아이는 입으로 물거나 부러뜨릴 수 있으니 부모가 곁에서 지켜보도록 한다. 형광 물질이 입에 들어가지 않도록 주의한다.

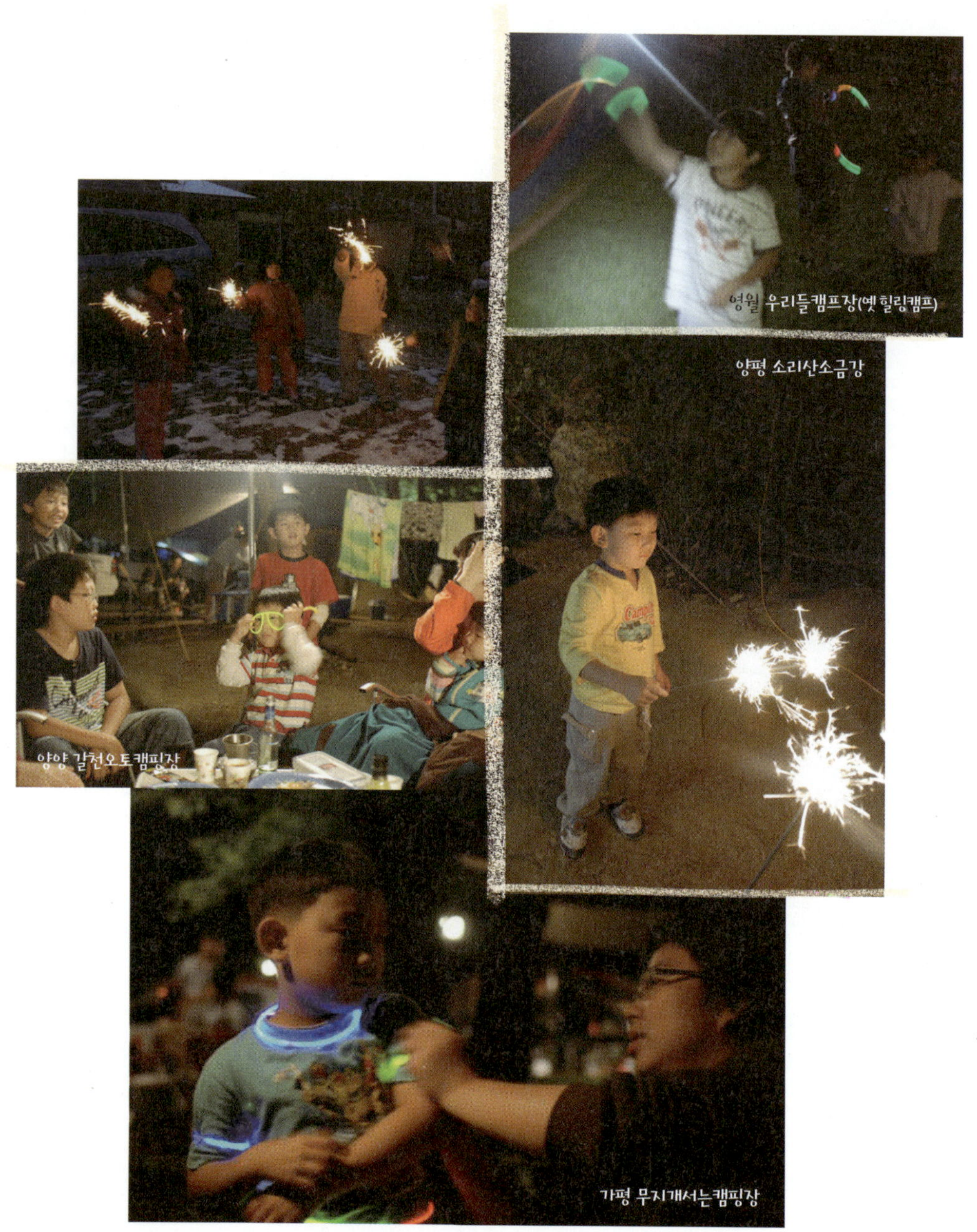

영월 우리들캠프장(옛 힐링캠프)
양평 소리산소금강
양양 갈천오토캠핑장
가평 무지개서는캠핑장

6
해먹 타기

준비물 해먹

많은 이들에게 캠핑이란 일상에서 벗어나 즐기는 휴식의 의미일 것이다. 이 여유로움을 상징하는 캠핑 풍경을 꼽으라면 나무에 걸려 있는 해먹을 빼놓을 수 없다. 해먹은 한적한 숲 속, 뻥 뚫린 잔디밭, 바닷가, 해수욕장 어디에나 근사하게 어울린다.

게다가 납작하게 접어 가볍게 가지고 다닐 수 있으니 '짐의 압박'에 시달리는 캠퍼들에게는 아주 착한 아이템이라 할 수 있다. 의식주를 전부 차에 싣고 다녀야 하니 캠핑을 한번 떠나려면 그 짐이 어마어마하다. 제한된 공간에 많은 양의 짐을 요령껏 잘 싣는 이를 두고 '테트리스 신공'이라고 부를 정도. 그러니 해먹처럼 부피가 작고 가족 모두가 유용하게 쓸 수 있는 캠핑용품은 환영받을 수밖에 없다.

우리 가족에게 해먹이 인기 있는 이유는 여러 가지 용도로 활용할 수 있다는 점이다. 해먹을 걸어두면 먼저 작은아이가 해먹을 타고 논다. 그다음에는 큰아이의 독서 장소가 된다. 마지막은 내 차례. 기다리고 기다리던 휴식 타임을 잠시나마 즐겨본다.

아이들에게는 해먹으로 그네를 타는 것이 재미있는 놀이이자 즐거운 추억이다. 서로 순서를 정해 올라타고 밀어주며 잘도 논다.

양평 소리산오토캠핑장

전남 구시포해수욕장

주의할 것!

❖ 해먹 아래에는 매트를 하나 깔아두자. 흔들리는 해먹에서 떨어져 아이가 다칠 수도 있다. 해먹을 지나치게 높이 매달면 위험하니 땅에 가깝게 매달도록 한다. 어른이 옆에 붙어 서서 계속 밀어줄 수 없을 때는 해먹을 당길 수 있는 줄을 하나 매달아준다.

❖ 휴식을 제공해주는 고마운 자연에게 최대한 피해를 주지 않고 노는 것이 중요하다. 아이들에게 나무를 과격하게 흔들거나 해먹을 묶을 때 나무에 상처를 내지 않도록 주의를 주자. 나무를 이용하지 않아도 되는 해먹 걸이도 판매한다.

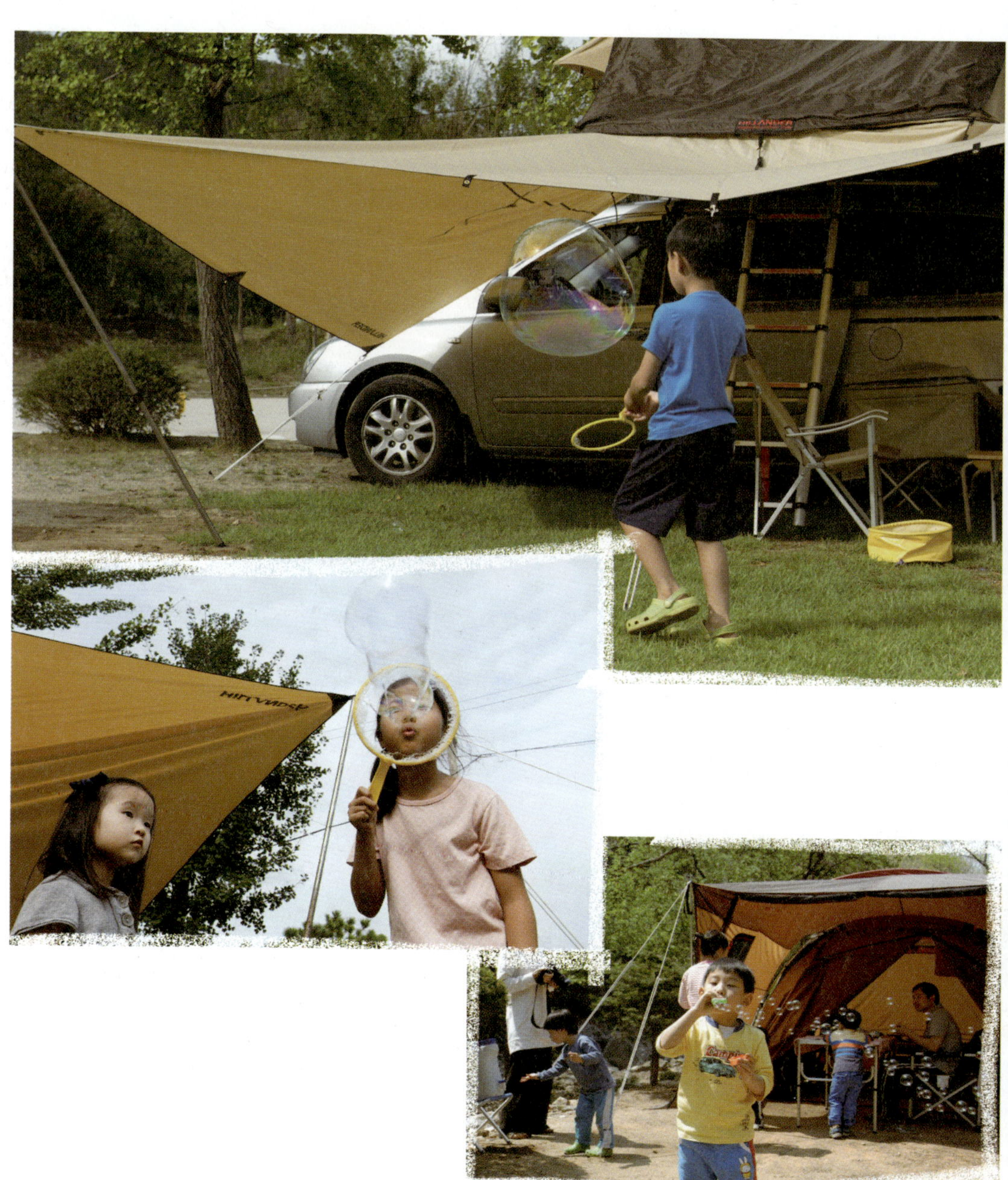

7

비눗방울놀이

준비물 비눗방울놀이 장난감

비눗방울놀이는 어디에서나 쉽게 할 수 있는 야외 놀이다. 아빠가 텐트를 설치하고 있거나 식사 준비를 하고 있는 동안 심심해하는 아이에게 쥐여주기에도 그만이다. 문구점이나 마트에서 다양한 종류의 비눗방울놀이 장난감을 판매하니 캠핑용 장보기 리스트에 적어 준비해 가자.

각자 비눗방울을 만들며 놀기도 하고 누가 더 크게 불었나 내기도 한다. 비눗방울을 불어놓고 우르르 달려가 터뜨리기 놀이도 가능하다.

비눗방울을 불고 있으면 어느새 주변 텐트의 아이들까지 다 모여든다. 둥둥 떠다니는 비눗방울을 보고 있노라면 어른들도 동심으로 돌아가 무지개색 비눗방울에 마음을 빼앗기고 만다.

이렇게 놀아요

- 아이들은 늘 대결 구도를 만들어 노는 것을 좋아한다.
- 편을 나누어 한쪽에서 비눗방울을 불어 날리면 상대편에서 비눗방울이 바닥에 떨어지기 전에 터뜨리는 게임을 한다. 이번에는 개인전. 누구의 비눗방울이 멀리, 높이 날아가나 대결한다. 고난도 기술도 있다. 큰 비눗방울 안에 작은 비눗방울 넣기 미션.

주의할 것!

- 어린아이들의 눈에 들어가지 않게 주의해서 놀도록 일러준다.

음료수병 볼링

준비물 음료수병 또는 페트병, 작은 공

캠핑을 가서 반나절쯤 놀다 보면 다 마시고 빈 병만 남은 음료수병이나 생수용 페트병 등이 쌓이게 된다. 이것들로 아이들과 놀 방법이 없을까 생각하다가 볼링을 해보기로 했다. 모양이 같거나 비슷한 병들을 모아 볼링핀 세우듯 삼각형으로 놓기도 하고 일렬로 줄지어 세우기도 한 다음 작은 공을 굴려 쓰러뜨리는 놀이다.

아이들이 노는 것을 한참 보고 있으면 자기들끼리 점점 난도를 높여 음료수병을 희한한 모양으로 세우기도 하고 도저히 넘어질 것 같지 않은 모양으로 세워보며 놀이를 응용한다. 뒤로 돌아서 공을 던지거나 가랑이 사이로 고개를 내밀고 던지기도 한다. 병이 넘어지지 않을 것이라 생각했던 상황에서 쓰러지고 나면 희열을 느끼는지 아이들은 환호하며 즐거워한다. 재활용품을 그냥 버리지 않고 놀이 도구로 탈바꿈시킨 재미, 이런 상황의 의외성이 아이들에게 새로운 아이디어를 발견하게 하고 순발력을 발동시킨다. 현장에서 스스로 놀이를 만들어내는 아이들이 신기하고 대견하기만 하다.

이렇게 놀아요

- 음료수병이 잘 서지 않거나 바람에 자꾸 넘어지면 물을 조금 담아놓는다. 난이도 조절을 위해 물의 양을 늘려가는 것도 방법. 병에 물을 넣으며 '무게중심'에 대한 얘기를 해주면 쉽고 재미있게 과학 상식 한 가지를 깨우치게 된다.

안성승마오토캠핑장

음료수병 맞히기

준비물

돌
음료수 캔 또는
페트병

활동적이고 조금은 공격적인 야외 활동을 선호하는 남자아이들은 무언가 '놀거리'를 찾아 캠핑장을 두리번거린다. 잠시 안 보였다 돌아올 때는 버려진 음료수 캔이나 페트병 등을 가지고 와 죽~ 세워놓고 놀이를 시작한다.

음료수 캔이나 페트병을 목표물로 해 돌멩이로 맞혀 누가 더 많이 쓰러뜨리나 시합을 한다. 많이 쌓으면 쌓을수록 무너뜨리는 맛을 크게 느낀다.

간단한 놀이지만 출발선을 밟거나 지나치게 큰 돌을 사용해서는 안 된다는 규칙을 정해준다. 이런 작은 규칙을 지키는 것으로부터 페어플레이 정신을 배울 수 있는 것이니까.

이렇게 놀아요

- 땅에 작은 원을 그리고 그 안에 캔이나 페트병을 쌓아둔다. 일정한 거리에서 작은 돌멩이를 던져 캔을 맞혀 원 밖으로 나가게 하면 이기는 것이다.

주의할 것!

- 돌을 던질 때는 항상 사람이 없는 쪽을 향하도록 주의를 주자.

9

물수제비 뜨기

강가로 캠핑을 가면 항상 물수제비 뜨기를 한다. 아이들은 아이들끼리, 어른들은 어른들끼리 수면 위로 누가 가장 많이 돌을 튕기는지 겨룬다. 처음에는 그냥 돌을 툭툭 던지거나 멀리 던지며 놀던 아이들이 물수제비 뜨는 것을 한번 보고 난 뒤에는 강가에만 가면 작은 돌멩이를 수면 위로 낮게 던져 물수제비 뜨는 연습을 한다.

매번 요령 없이 던질 때와 고수에게 비법을 전수받아 도전할 때는 결과에 있어 많은 차이가 난다. 이때를 이용해 나는 못하는 것이 없는 멋지고 대단한 아빠가 되어 아이들에게 비법을 전수한다. 돌을 고르는 일부터 던지는 폼과 요령까지 제법 진지하게 설명한다. 사실 별것도 아닌 데 "우와~ 아빤 어떻게 한 거야?" 하며 눈을 반짝거린다. 누가 알려줘도 똑같을 비법 아닌 비법을 전수하고 나면 아이들끼리 맹연습에 들어간다. 한 번 가르쳐주면 될 때까지 연습하게 만드는 '자동무한반복놀이'다.

여러 번의 연습 중에 우연히 한 번이라도 성공하게 되면 그때부터는 요령을 익혀 성공적으로 실행할 수 있다. 아무리 해도 안 되던 것을 성공시키

충주 수주팔봉 앞 강가

는 순간 짜릿한 쾌감과 자신감이 생긴다. 가만히 생각해보면 이 세상은 지식이나 지위보다 '자신감'으로 살아가야 할 일이 많은 것 같다. 아이들의 자신감은 작은 성공을 여러 번 겪으면 더욱 단단하게 마음속에 자리 잡는다고 한다.

말로만 "자신감을 가져라."라고 하는 것보다 이렇게 실제로 도전에 성공하는 기쁨을 만들어주는 것이 몇 배의 자신감을 키워주는 방법 같다.

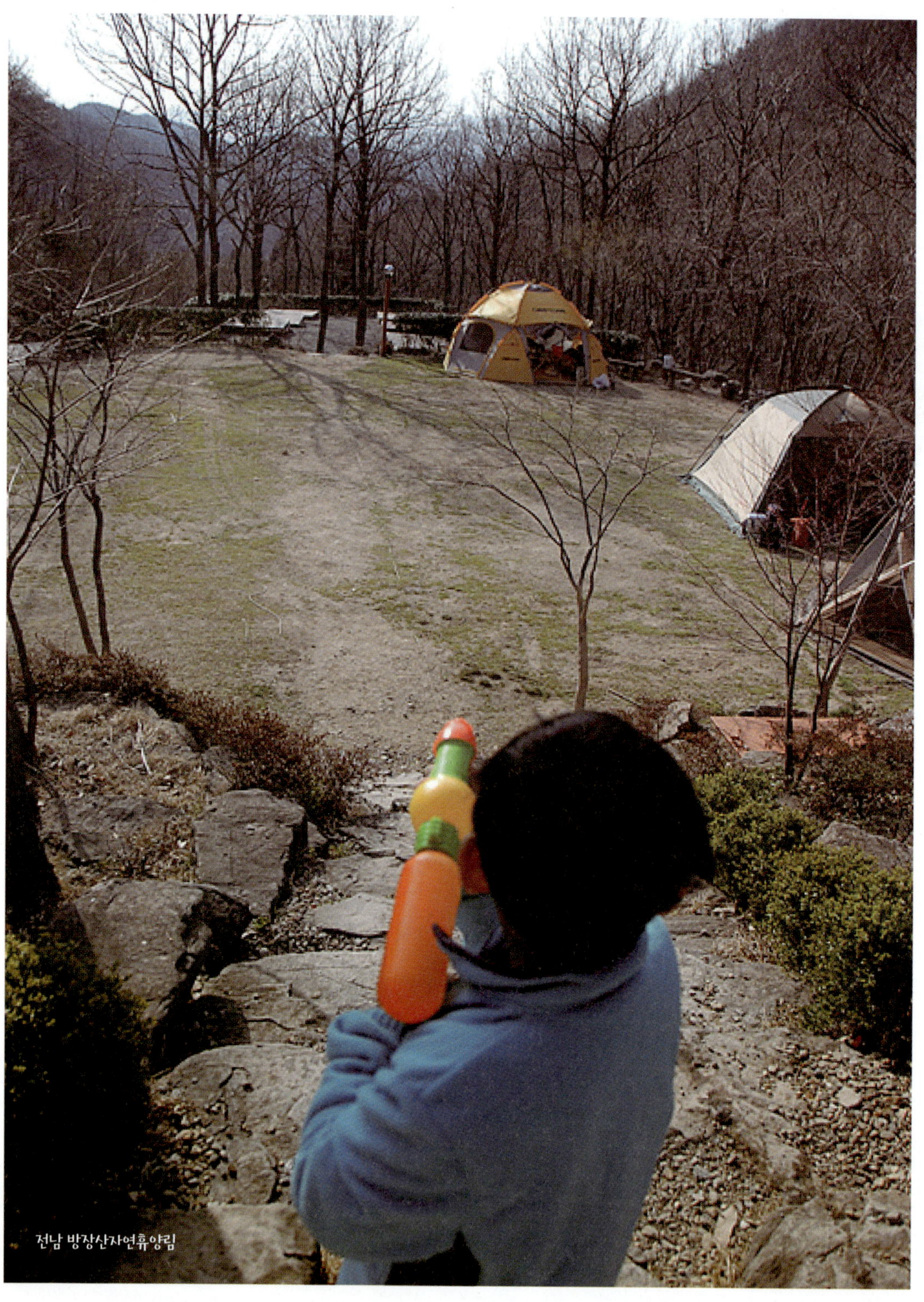
전남 방장산자연휴양림

10

물총놀이

준비물 물총

어릴 적 동네 어귀에서 나를 포함한 남자아이들이 가장 좋아한 놀이는 총싸움이 아니었나 싶다. '전쟁놀이'라고 불렀던 그 놀이는 총 모양의 기다란 막대기를 하나씩 들고 집 뒤나 나무 뒤에 숨어서 같은 편끼리 나름대로의 작전을 짜는 것으로 시작했다. 장독대를 지나 뒤로 멀리 돌아 상대편의 아이를 발견하고 입으로 "탕! 탕!" 먼저 소리 내면 상대편 아이는 미리 약속이나 한 듯 "으악~~~!" 괴성을 지르며 쓰러진다. 생각만 해도 웃음이 난다.

캠핑장에서까지 휴대전화와 게임기를 찾는 아이들을 보며 무슨 놀이로 이 아이들의 관심을 돌릴까 생각하다가 총싸움과 같이 원초적인 놀이가 아이들을 새롭게 자극할 것이라는 확신이 들었다. 마침 여름이라 시원한 물총을 이용하기로 했다. 물론 물총이 없을 때나 여름 이외의 계절에는 나뭇가지를 이용해 놀도록 하면 된다.

손에 막대기 대신 화려한 색을 자랑하는 멋진 물총이 들려 있다는 것만 빼면 나 어릴 때와 모든 과정이 똑같다. 아이들은 텐트 뒤에 숨고 테이블 밑에 숨으며 엄마 아빠에게는 못 본 척해달라고 사정을 한다. 물에 흠뻑 젖어가며 마냥 즐거워 시간 가는 줄도 모른다. 역시, 아이들에겐 이런 놀이가 딱이다!

아빠가 애지중지하는 텐트가 물에 젖을 수도 있고 테이블에

"

물이 튀는 경우도 있다. 그렇다고 아이들에게 멀리 가서 놀라며 내몰지는 말자. 부모는 아이들이 실컷 놀도록 물통에 물을 아낌없이 채워주는 든든한 지원자가 되어야 한다. 아이들은 자기가 하는 놀이를 부모가 지지해준다고 느낄 때 정서적으로 훨씬 안정감을 갖게 되고 캠핑 자체를 좋아하게 된다. 아빠들도 팔을 걷어붙이고 아이들과 함께 물총놀이에 끼어봐도 좋겠다. 아이들이 노는 것을 바라보며 은근히 부러워하고 있지는 않은지? 옷이 젖을까 걱정하지 말고 동참하여 가족의 즐거운 추억을 하나 만들어보자.

● 물총놀이에 사용할 물총을 가져오지 않았다면 분사식 물통이 달린 음료수병을 사용해보자. 누르면 작은 구멍으로 물줄기가 나가는 식이라 물총놀이에 알맞다. 또는 생수용 페트병에 구멍을 뚫어서 사용할 수도 있다.

물풍선 받기

준비물

풍선
물
큼직한 바구니
(또는 캠핑용 설거지
바구니)

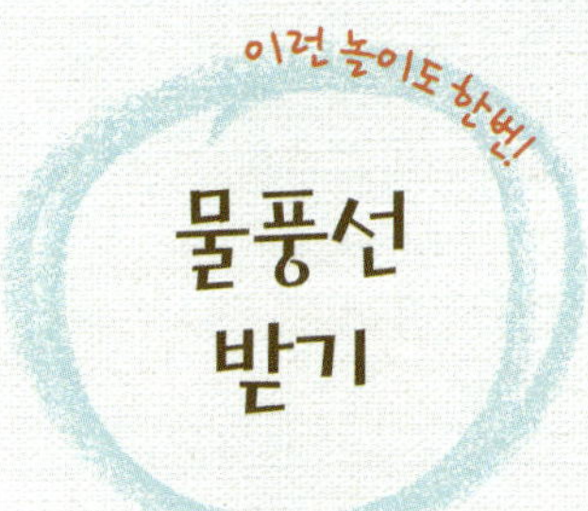

간단하게 할 수 있는 놀이를 한 가지 더 소개하자면 물풍선을 만들어 던지고 받고 하는 물풍선놀이다. 풍선에 물을 채워 여러 개를 만들어두고 풍선 들고 달리기, 서로 던져 받기 놀이를 한다. 큼직한 통을 하나 두고 한 명씩 차례로 물풍선을 던져 골인시키는 게임도 해보자.

수도꼭지에 풍선 입구를 씌우고 꼭지를 틀어 물이 들어가게 하면 자연스럽게 풍선에 물이 채워진다. 어린 친구들이라면 풍선 입구를 묶을 때 어려울 수 있으니 그때는 도움을 주자. 풍선에 물을 넣을 때는 가득 채우지 않아야 쉽게 터지지 않는다. 간혹 풍선이 터지면 더위를 시원하게 날려버리는 재미가 있기도 하지만!

풍선을 따라 이리저리 달려보면서 운동도 실컷 하게 되고 또래들과 어울려 노는 법도 배우게 된다.

💧 풍선이 터진 다음 잔해는 깨끗이 치우도록 아이들에게 일러준다. 풍선 터지는 소리가 의외로 클 수 있으니 주위에 양해를 구하거나 텐트 사이트에서 조금 떨어진 곳에서 놀도록 하자.
주변을 배려하는 것도 아이들이 캠핑에서 배울 수 있는 소중한 한 가지다.

11

나뭇잎 그림 그리기

준비물 나뭇잎, 나뭇가지, 열매, 돌 등

가을 캠핑의 낭만을 더해주는 것은 뭐니 뭐니 해도 노랗고 붉게 물든 낙엽의 향연이다. 초록의 이파리들이 울긋불긋한 옷으로 갈아입고 나면 그 풍경이 마치 깃발을 흔들며 우리를 초대하는 나무들의 가을 잔치 같다.

아이들에게도 이 정취를 느끼게 해주고 싶지만 어른만큼 감상에 젖어들지는 못한다. 가을 색을 조금이나마 맛보게 하려면 캠핑장 곳곳에 떨어져 있는 나뭇잎을 주워 함께 그림을 그려보자. 아무런 준비물도 필요하지 않다. 스케치북이 없어도 좋다. 테이블을 깨끗하게 치운 다음 그 위에 그림을 그리거나, 좀 더 크게 그리고 싶다면 흙바닥에 장식하면 된다. '없으면 없는 대로.' 견딜 수 있는 약간의 결핍은 좀 더 창의적인 생각을 할 수 있도록 하는 원동력이 된다는 것을 믿어 의심치 않는다.

아이들은 필요에 의해 스스로 환경을 선택하고 생존을 위해 스스로 도구를 마련할 것이다.

아이들은 물감이나 크레파스 없이도 멋진 작품을 만들 수 있다. 돌도 가져다 얹고 나뭇가지도 주워다 얹는다. 이리저리 나무처럼 그리기도 하고 상상의 동물을 만들어내기도 한다. 풀이나 접착제를 쓰지 않아 고정시

킬 수 없으므로 이대로 집에 가져갈 수 없는 것을 알았을 때는 사진으로 남기라고 말해준다. 찰칵! 사진을 한 장 찍고 나면 아무런 미련 없이 돌과 나뭇가지를 자연으로 돌려보낸다. 자연에서 잠시 빌려 가지고 논 다음 다시 자연으로 돌려보내주었다는 뿌듯함도 느끼게 된다. 본디 자연은 우리 것이 아닐뿐더러 가지고 싶다고 가질 수 있는 것이 아님을 알려주는 계기가 될 수 있다.

🍂 아이들과 함께 캠핑장을 돌아다니면서 다양한 색깔의 나뭇잎과 돌을 줍는다. 자연의 부산물인 다양한 열매들을 이용하면 더 멋진 작품을 만들 수 있다.

🍂 아직 어린 아이에게는 아이의 상상력을 자극할 수 있도록 부모가 가이드를 해주는 것도 좋다. 나뭇가지 등으로 뼈대를 만들어주거나 무엇을 만들면 좋을지 같이 고민해주는 정도가 적당하다.

전남 운장산자연휴양림

12

돌에 얼굴 그리기

우리 집 아이들은 집에 있을 때보다 오히려 캠핑장에서 그림 그리는 시간을 많이 갖게 된다. 물론 야외에 나왔으니 아빠와 함께 뛰고 뒹굴며 운동을 하는 일이 많지만 때로는 자기들끼리 정적인 놀이에 집중하며 아빠에게 꿀맛 같은 휴식을 선물한다. 아빠에게도 조용히 사색하고 쉬는 시간이 필요하니까. 사실 이 놀이의 시작은 아내의 아이디어였다. 아이는 아이대로 어른은 어른대로 각자의 세계를 가질 수 있도록 그림 그리기 재료를 준비해온 것이다. 나를 배려해준 것이기도 해 참 고마운 일이다.

그림의 재료에는 자연에서 얻을 수 있는 것도 포함된다. 집이나 학교에서는 스케치북이나 보드에 그림을 그렸다면 야외에서는 뭔가 색다른 것이 필요하지 않겠는가. 그중에서 돌은 아주 좋은 재료가 된다. 앞서 소개한 나뭇잎 그림은 크기의 제한 없이 마음대로 표현할 수 있는 활동이었다면 돌에 얼굴을 그리는 것은 제한된 공간 속에 대상을 표현하는 일이다. 공간이 그리 넓지 않은 만큼 생각을 마구 펼치기보다 단순화하고 다듬고 정리해서 딱 그리고 싶은 것만을 마음속에 떠올려야 하기 때문에 생각을 많이 하는 연습을 하게 된다. 아이들은 손에 익숙한 붓과 물감 등이 있으니 자유롭게 자신만의 작품을 완성해나간다.

“엄마가 제일 화났을 때의 얼굴을 그려봐.” 라거나 “좋아하는 친구의 얼굴을 그려봐.”라고 주문을 해보자. 한번은 큰아이와 작은아이가 엄마가 화났을 때를 떠올리다가 결국은 자기들이 과거에 했던 잘못을 전부 말해버리고 말았다. 이때다 싶어 슬쩍 엄마 편을 들면서 다시는 그러지 말자고 새끼손가락 걸고 약속을 했다.

아이들이 돌에 그린 그림을 보면 요즘 무슨 생각을 하고 누구를 좋아하는지도 덤으로 알 수 있다. 아이들 속마음을 살짝 들여다보는 경험은 아빠인 나와 아이들의 거리를 좁히는 데 많은 도움이 된다.

이렇게 놀아요

● 조약돌이 많은 강가 캠핑장이라면 더욱 좋다. 다양한 모양과 크기의 돌을 주워다 그림을 그리면서 스토리를 만들고 이야기하게 해보자. 이런 과정을 통해 아이들의 생각이 자라고 표현력이 늘어간다.

13

보드게임

준비물 보드게임 도구

보드게임은 날씨와 장소, 그리고 연령에 상관없이 즐길 수 있는 놀이다. 비가 오는 날이면 우리 가족은 어김없이 텐트 안에서 보드게임을 한다. 일기예보에 없던 비가 갑자기 쏟아지기도 하니 트렁크에 항상 보드게임 도구를 준비하는 편이다. 하나둘씩 모은 보드게임 도구가 벌써 몇 가지나 된다. 주변 지인 캠퍼들과 종류를 바꿔가며 놀아도 좋다. 집 안 구석구석을 살펴 아이들이 가지고 놀던 보드게임 도구가 있는지 찾아보자. 몇 번 놀다 치워 두었던 것이라도 캠핑장에서 꺼내면 새 놀이처럼 재미있어진다. 만일 캠핑을 오지 않았다면 비 오는 날 아빠와 아이들은 각자의 방에서 각자의 관심사에 맞는 시간을 보내고 있을 것이다. TV도 게임기도 없는 캠핑장에서는 평소 관심 밖이었던 보드게임이 큰 힘을 발휘하게 마련이다.

자기들끼리 하는 게임도 좋아하지만 아이들은 아빠와 대결하는 것을 유난히 좋아한다. 아이가 커갈수록 아빠는 아이가 눈치 못 채는 사이 슬쩍 져주는 고난도 기술을 연마해야 한다.

"야~~~, 내가 아빠보다 잘하지!" 의기양양하게 해주자. 아이들의 웃음을 보면 어른은 져도 진 것이 아니다. 그런 웃음을 오래도록 잃지 않게 해주고 싶다.

남양주 봉서원더시크릿가든

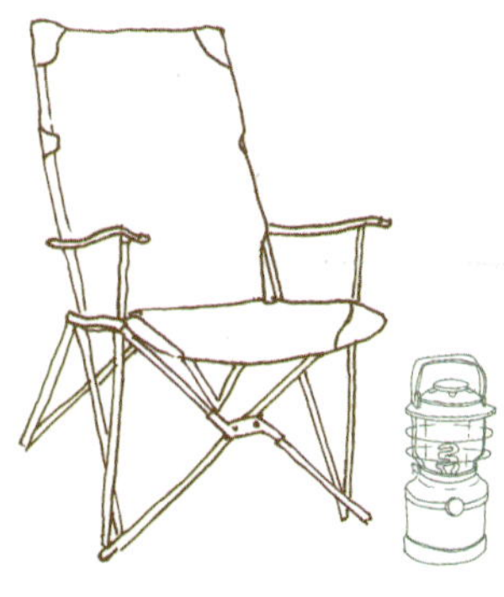

컵 쌓기

준비물

스피드스택스 세트
또는 일회용 컵
(종이 또는
플라스틱 소재)

언제가 TV에서 '스피드스택스(Speed Stacks)'라는 게임을 본 적이 있다. 일정한 규칙에 따라 12개의 컵을 쌓았다가 다시 원래의 상태로 되돌려놓는 것으로, '남녀노소 모두 할 수 있는 스포츠'라는 설명이 붙었다. 내 아들 또래의 어린 친구들이 초스피드로 착착 컵을 쌓아 올리는 것을 보니 우리도 할 수 있겠다, 하며 근거 없는 자신감이 생겼다. 오른손 왼손 번갈아가며 쌓고 무너뜨리는 게임 방법을 익히는 과정에서 집중력도 기를 수 있으니 게임기보다 훨씬 나은 도구가 아닐까 싶었다. 더구나 캠핑장에서 딱이다 싶어 한 세트를 구입했고 요즘도 재미있게 즐기고 있다. 스피드스택스 세트를 구입해도 좋지만 없을 때는 종이나 플라스틱 재질의 일회용 컵을 이용하면 된다.

웹사이트에서 '스피드스택스 하는 방법'을 검색하면 쉽게 찾을 수 있다. 경기 동영상을 보는 것도 재미있다. 쌓은 컵이 와르르 무너지면 모두들 웃느라 정신이 없다. 초까지 재며 하다 보면 결코 쉽지가 않다. 우리 집 아이들은 아빠의 당황하는 모습을 보면서 그렇게 재미있을 수가 없나보다.

🔸 전문 세트가 아니더라도 일회용 컵 또는 떠먹는 요구르트 용기 등을 이용하면 된다. 일회용 컵으로 몇 층까지 쌓을 수 있는지 시합을 해봐도 재미있다.

🔸 밤에 즐길 수 있는 야광 제품도 있다. 어두운 데서 빛이 나니 유용하면서도 신기하다.

14

핼러윈데이

준비물 각종 핼러윈데이 파티 용품

우리에겐 아직도 낯선 서양 문화인 핼러윈데이가 요즘에는 꽤 친숙한 놀이 문화로 정착해가고 있는 모양이다. 핼러윈데이에 다양한 변장을 하고 파티를 즐기는 젊은이들을 흔히 보게 된다. 학교나 학원 같은 곳에서도 핼로윈데이 행사를 연다. 아이들은 어떤 역할로 변신할지 서로 골라주며 재미있어 한다.

이렇다보니 매년 10월 말경이면 캠핑장에서도 다양한 핼러윈데이 행사를 여는 곳이 늘고 있다. 내가 처음 핼러윈데이 행사를 경험한 것도 캠핑장에서다. 다양한 문화를 경험해보자는 생각에 아이들과 함께 참여했다. 고깔모자를 나눠 쓰고 망토를 걸치고 콧수염도 붙여보면서 열심히 서로의 변신을 도왔다. 아이들도 나도 낄낄거리며 즐거웠던 기억이다.

핼러윈데이를 위한 용품을 판매하는 곳이 많아 의상이나 가면, 그 밖의 소품들을 쉽게 구할 수 있다. 캠핑장에서는 텐트마다 호박·해골·박쥐·마법사 모양 소품들이 걸려 있다. 누구 텐트가 제일 화려한지 내기하듯(실제로 가장 잘 꾸민 텐트를 뽑아 작은 상품을 지급하는 행사를 여는 곳도 있다.) 열심히 꾸며놓는다.

직접 만든 소품이 있다면 더욱 특별한 핼러윈데이가 될 것이다. 우리 가족이 만들어본 것 중에 가장 마음에 드는 것은 진짜 호박으로 만든 핼러윈

램프다. 작은 사이즈의 늙은 호박을 하나 사서 구멍을 내 속을 파고 눈 코 입을 만든 다음 안쪽에 납작한 티 라이트 캔들을 켜면 근사한 램프가 완성된다. 그리 어렵지 않으니 다음 핼러윈데이에는 아이와 함께 만들어봐도 좋을 듯. 굳이 돈 들여 소품을 사지 않고도 두루마리휴지를 길게 풀어 너풀거리게 걸어두거나 색종이로 링을 만들어 연결하는 등의 방법으로 얼마든지 다양한 장식을 마련할 수 있다.

　주변 텐트의 아이들에게 나눠줄 사탕을 준비하고 핼러윈램프에 불을 밝히면 동화의 나라에 온 것처럼 환상적인 밤이 시작된다. 우리 가족, 캠핑패밀리에게도 새로이 캠핑의 즐거움을 느끼게 한 유쾌한 경험이었다.

남양주 봉서원더시크릿가든

달고나 만들기

준비물 국자, 젓가락(시판 '달고나 세트'도 있다.), 설탕, 베이킹소다

내가 어릴 적을 생각해보면 지금 내 아들들보다 훨씬 더 사건 사고를 많이 일으켰던 것 같다. 엉뚱한 행동도 더 많이 했는데 그런 이야기들을 아이들에게 들려주면 도저히 믿기지 않는다는 반응이다. 물론 '달고나'에 관한 추억도 있다!

어릴 적 연탄 아궁이에서 달고나를 만들어 먹다가 국자에 구멍을 내서 엄마(아이들의 할머니)로부터 혼이 났던 이야기를 들려주었다. 아이들은 이때다, 싶은지 자기들은 아빠처럼 그러진 않는다며, 자기들이 아빠에 비하면 말썽 안 피우는 아이들임을 강조한다. 괜히 이야기를 꺼냈다 싶다.

"달고나나 만들어 먹자!"

캠핑장에서 만들어 먹는 달고나는 그 어디에서 먹었던 것보다 별미다.

요즘 아이들은 달고나를 모르는 줄 알았다. 아빠의 과거로 돌아가 새로운 경험을 시켜주고 싶었는데 이미 잘 알고 있었다. 학교 앞에서 달고나를 파는 모양이다. 하지만 요즘은 아예 미리 만들어 비닐로 포장을 해둔다고 하니, 아이들에게 달고나를 직접 만들어볼 기회가 생긴 셈이다.

어느 날 마트에 가보니 아예 달고나 세트를 판매하고 있었다. 우리에겐 찌그러진 국자로도 마냥 좋아라 했던 놀이가 이제는 이렇게 '추억을 파는

제주민속촌체험장

충주 수주팔봉야영장

상품'이 되었다. 달고나 전용 국자와 갖가지 모양 틀, 밑판, 누름판, 뒤집개까지 한 세트다. 추억거리에 값이 매겨져 주욱~ 진열되어 판매되고 있는 것 같아 조금 씁쓸하기는 하다.

어릴 때는 그렇게 맛있었던 것이 지금은 그 이름처럼 '그냥' 달다. 그런데 희한하게도 아이들은 그때 내가 그랬듯이 달고나가 정말 맛있나보다.

"아~ 맛있다. 크! 크! 크! 크!"

두 녀석이 머리를 맞대고 앉아 열심히 달고나 모양을 뜯으며 먹는다.

오랜만에 만들어보니 생각만큼 잘되지 않는다. 언제 녹인 설탕물에 베이킹소다를 섞는지, 언제쯤 밑판에 엎어 모양을 찍어내야 하는지 자신이 없다. 초등학교 시절 학교 앞에서 달고나를 팔던 아저씨는 정말 신의 솜씨로 나를 홀렸었는데.

다행히 완성도가 높지 않아도 아이들은 좋아한다. 그 황홀한 달고나의 맛은 변함이 없기 때문에.

다음 캠핑에는 달고나 세트를 준비해 아이들과 함께 추억 속으로 들어가 보기 바란다. 달콤한 간식과 잔잔한 즐거움을 선물할 수 있다.

화천 딴산유원지캠핑장

연날리기

준비물 연 세트

내 또래라면 누구나 한 번쯤은 '연싸움'을 했던(아니면 구경이라도 했던) 기억이 있을 것이다. 나 역시 시골 친척 집에 놀러 갈 때면 동네 형들과 논두렁에서 연싸움을 했던 기억이 난다. 줄이 팽팽한 채로 연을 하늘에 띄워 놓으면 서로 상대방의 연줄에 내 연줄을 대고 엮이게 한 다음 얼레를 잡아당겨 연줄을 쓱~ 비빈다. 팅! 하고 줄이 먼저 끊어진 연의 주인이 지는 것이다. 기가 막힌 공중전이었다.

연줄에 유리나 사기 가루까지 묻혀가며 승부를 위해 열을 올렸던 이야기를 해주지만 그 쾌감을 알 리 없는 아이들은 아깝게 왜 줄을 끊어뜨려서 연을 날려보내느냐고 타박을 한다. 아이가 경험해보지 못한 것은 아무리 나에게 소중한 추억이라고 해도 교감할 수 없다는 것을 이럴 때마다 깨닫는다.

캠핑이라는 좋은 기회가 주어졌을 때 아빠만의 추억이 아닌 '우리들'의 추억을 만들어보기로 했다.

요즘 연은 으리으리하고 모양도 멋져 마치 새로 나온 장난감을 본 것처럼 아이들의 눈길을 확 사로잡는다. 내가 아는 연은 수수했지만 단단한 힘이 느껴지는 핸드메이드 제품이었는데 말이다. 방패연 연줄의 균형을 잘 맞추기 위해 이리저리 줄 길이를 재어볼 필요도 없다. 밥알을 으깨 가오리연

의 꼬리를 달 필요도 없고 엄마의 반짇고리에서 명주실을 몰래 가져와 쓸 필요도 없다. 모든 게 세트로 판매되고 있으니까. 연도 찢어지지 않는 천이나 비닐로 되어 있고 연줄도 어지간해서는 끊어지지 않을 정도로 튼튼하다. 그냥 적당한 바람만 있으면 쉽게 하늘로 띄워 보낼 수 있다. 나는 뭔가 아쉽지만 오히려 요즘 아이들에게는 이처럼 수월해야 해볼 만한 취미가 될지도 모른다.

연이 하늘로 올라가니 모여 있던 아이들 모두 환호성을 지른다.

아빠에게는 조금 아쉽고 시시하지만 아파트에 살며 이런 놀이를 해본 적 없는 아이들 눈에는 마냥 재미있는 새 장난감인 것이다. 넓고 높은 하늘 아래 캠핑의 즐거움을 하나 더하고 싶다면 연 세트를 장만해 차에 넣어두자. 반조립 제품도 있으니 연 만들기의 기쁨을 포기할 수 없다면 나머지 반이라도 마저 만들 수 있는 이 제품으로 구입하면 된다.

제기차기

준비물 제기

제기차기는 동네 담벼락 아래에 모여 가장 많이 했던 놀이다. 제기를 땅에 떨어뜨리지 않기 위해 연방 차 올리는 모습에 구경하는 아이들은 낄낄거리며 좋아했었다. 한쪽 발이 제기를 찰 때마다 박자 맞춰 손도 따라 올라가는 것은 보통이고 혀를 쏙쏙 내미는 아이도 있었다. 신체 구조와 신경 연결에 따른 과학적인 이유 때문이겠지만 어쩌면 그렇게 하나같이 제기 차는 폼이 웃겼는지.

룰은 간단하다. 제기를 찬 횟수에 따라 순위가 정해지면 꼴찌가 제일 잘 찬 아이에게 제기를 던져준다. 이걸 발로 쳐내 멀리 날려보내면(마치 야구를 하듯이) 그 아이가 이기게 되고 제기를 던진 아이는 심부름을 한 가지 해주는 것으로 벌칙을 삼는다.

요즘 학교에서는 체육 수행평가의 하나로 제기차기를 한단다. 만만한 놀거리이던 제기차기가 성적에 들어가는 실기시험 과제가 되었다니. 우습기는 하지만 이참에 한 수 가르쳐주기로 한다. 아파트 아래 주차장에서보다는 흙이나 잔디 위에서 시원한 공기를 마시며 놀이처럼 할 수 있으니 좋은 기회다.

비록 시험 과제가 되었지만 아이들은 신나게 놀며 연습할 수 있다. 아직 아이가 어리다면 미리미리 가르쳐두어도 좋을 것 같다. 학교에 가면 으쓱! 하며 솜씨를 뽐내게 될 테니까.

내 아이들과의 첫 번째 제기차기는 이렇게 '학교 숙제'라는 이름을 빌려 시작됐다. 제기 하나만 있으면 되는 간단한 놀이니 누구나 즐길 수 있다. 우리 가족 캠핑 짐에는 언제나 제기를 식구 수대로 넣어둔다.

솔잎싸움

준비물 솔잎

보길도의 예송갯돌해변에서 캠핑을 하던 날이었다. 작은아이가 슬그머니 다가오더니, "아빠, 솔잎싸움 할래?" 하며 솔잎 두 개를 들고 와 하나를 내게 건넨다. 둘 중에 어느 것을 줄까 한참을 고민하더니 결국은 더 약해 보이는 것을 내게 준다. 게임에서 이기겠다는 나름의 의지다. 양 갈래로 나뉘어 있는 솔잎의 끝 부분을 살짝 벌려 상대방의 솔잎에 걸쳐놓고 당겨서 솔잎이 하나로 이어지는 부분을 끊는 게임이다. 솔잎이 먼저 끊어지는 쪽이 지는 것이다.

사실 별다른 비법노 요령도 필요 없는 놀이다. 어떤 솔잎을 쥐었느냐 하는, 그야말로 복불복 게임이다. 일부러 져주기도 힘들고 기를 쓰고 이기려 해도 별수 없다. 하지만 아이가 찾아낸 놀이를 시시하게 만들어서는 안 된다. 간단하고 별것 없는 놀이지만 마치 차력 쇼를 보여주듯 기합을 넣고 긴장감을 고조시키며 스릴 있는 게임으로 만들어 아이들을 즐겁게 해주는 것이 아빠의 임무! 작은아이는 아직 저학년이라 그런지 아빠의 이런 오버액션에 배꼽을 잡고 웃느라 정신이 없다. 진짜 기합 소리에 힘이 들어가 솔잎이 끊어지는 줄 안다. 어릴 적 생각을 해보면 나도 똑같았다.

이렇게 캠핑을 나와 아이들의 새로운 모습을 발견하는 것은 내게 큰 기

뿔이다. 작은아이는 살랑살랑 아빠의 거짓말에도 잘 속아 넘어가는 순박한 시골 아이 같다. 사실 큰아이도 작은아이만 할 때는 이랬다. 아이들은 정말로 금세 큰다. 모르는 사이 훌쩍 어른이 되어버리는 것 같다. 아이가 커버리기 전에 추억을 한 가지라도 더 공유해야 한다.

밤이 깊은 남도 보길도의 예송자갈해변에서 솔잎을 잔뜩 쌓아놓고 밤새 솔잎싸움에 빠져 있었던 것처럼, 그렇게 아이와의 추억 만들기 여행을 떠나보자.

딱지치기

준비물 고무딱지 또는 종이딱지, 알루미늄 소재 병뚜껑, 망치

캠핑장에서 여기저기 굴러다니는 병뚜껑을 보다가 생각해낸 놀이다. 어릴 적 이 병뚜껑을 밟아 납작하게 만들어 딱지치기를 했었다.

이번 캠핑에서는 아이들에게 병뚜껑딱지치기를 알려주기로 했다.

우선 아이들에게 딱지 만들 재료를 찾아오도록 주문한다. 캠핑장에서 놀이의 재료와 도구는 '자체 조달'이 원칙임을 미리 말해두는 것이 좋다. 텐트 주변이나 자연에서 장난감을 찾아내는 것 자체가 하나의 놀이이고 추억이기 때문이다. 딱지치기에 필요한 병뚜껑은 주(酒)류의 것이 적당하다. 그것이라야 딱지 역할을 잘 수행할 수 있다. 사실 캠핑장에서 이 뚜껑을 구하기는 매우 쉽다. 아이들이 열심히 모아오면 그다음 필요한 것은 망치다. 망치로 두드려 뚜껑을 잘 펼쳐야 하는데, 마치 대장간의 장인이라도 된 듯 정성껏 정교하게 두드려야 한다. 아이들이 손을 다치지는 않을까 몇 번이고 주의를 주며 지켜보지만 놀랍게도 아이들은 생각보다 잘해낸다. 병뚜껑을 납작하게 펼치는 요령을 각자 터득하기도 한다. 어떻게 하면 잘할 수 있는지 몸으로 느끼면서 보내는 시간 자체가 곧 놀이이고 소중한 경험이 된다.

요즘 아이들도 쉬는 시간이나 방과 후에 딱지치기를 한단다. 문방구에서 딱지를 산다기에 한번 보자고 했더니 고무딱지를 꺼내 보여준다. '아! 요새

는 딱지가 이렇게 생겼구나.' 도리어 내가 신기했다.

내친김에 아빠 딱지(옛날 딱지=두꺼운 종이를 접어 만든 딱지)와 아이 딱지(요즘 딱지=고무딱지)의 대결을 펼쳐본다. 누가 이기는지 한번 해보는 것도 재미있을 것이다.

말랑말랑한 고무딱지를 보물처럼 모으는 아이를 보니 두꺼운 종이로 접은 딱지를 상자 속에 모아두었던 어릴 적 생각이 난다. 딱지치기에 져서 소중한 딱지를 잃어버리고 온 날은 기분이 울적하고 딱지를 따서 돌아온 날은 괜히 의기양양했던 기억이다.

● 바닥이 평평한 곳에서는 쉽게 승부가 나지 않는다. 이럴 때는 바닥이 고르지 않고 경사가 있거나 울퉁불퉁한 돌이 있는 장소를 골라보자. 이렇게 지형지물을 이용해보면 놀이의 재미가 배가된다.

● 병뚜껑딱지를 만들 경우 반드시 주의사항을 일러주도록 한다. 망치질을 할 때는 되도록 부모가 지켜보도록 하고 다 사용한 망치는 수거해간다.

안성승마오토캠핑장

6

산가지놀이

준비물 억새젓가락 또는 산가지(나뭇가지), 테이블

잊고 있었던 놀이 중에 교과서에 나오는 전통놀이 몇 가지가 있다. 요즘 아이들도 학교에서 쉬는 시간에 이 놀이를 하는 모양이다. 교과서를 통해서라도 우리, 그리고 우리 조상들이 했던 놀이가 이어져 내려온다는 것에 한 편으론 안심이 되기도 한다.

산가지놀이는 한마디로 '전통 방식의 보드게임'이라고 할 수 있다. '젠가'라는 이름으로 유명한 보드게임과 유사한 방식이다. 쌓아 올린 나무토막을 건드리거나 쓰러뜨리지 않고 자기 것만 하나씩 빼내는 젠가와 같이 뒤엉켜 쌓여 있는 산가지를 하나씩 내려놓는 게임.

놀이를 시작하기 전에 젓가락 길이만 한 나뭇가지를 많이 주워오도록 한다. 만약 적당한 길이의 나뭇가지가 없으면 긴 나뭇가지를 알맞게 잘라 사용하면 된다. 게임을 할 만큼의 개수가 모이지 않는다면 '억새젓가락'이라는 자연 나뭇가지 모양의 일회용 젓가락을 이용해도 된다.

산가지나 젓가락을 테이블 위에 뿌린다. 규칙 없이 서로 가로세로로로 쌓이도록 한 다음 두 편으로 나누어 산가지를 하나씩 하나씩 내려놓는 놀이다. 다른 산가지를 건드리거나 쓰러뜨리면 지는 것. 1:1 게임도 되고 편을 먹고 단체전도 할 수 있다.

설거지통 투호놀이

준비물 캠핑용 설거지통(높이 30cm 정도), 나뭇가지

캠핑장에서 늘 사용하는 주방 도구를 이용해서도 재미있는 추억의 놀이를 할 수 있다. 설거짓거리를 모으고 씻는 데 사용하는 설거지통으로 어릴 적 했던 투호놀이를 해보자. 대결 구도가 형성되어야 놀이에 재미를 붙이는 아이들에게 딱 좋은 간단한 놀이다.

투호놀이는 명절 무렵 고궁이나 놀이공원, 민속촌 등에서 한 번쯤은 본 적 있는 놀이다. 항아리 같은 것을 세워놓고 긴 창 모양의 막대를 던져 집어넣는 게임. 캠핑장에서는 항아리 대신 설거지통을, 막대 대신 나뭇가지를 이용하면 된다.

사실 나뭇가지는 저마다 모양이 고르지 않기 때문에 생각보다 잘 들어가지 않는다. 이리 던져보고 저리 던져보는 사이 아이들은 궁리하는 법을 배우고 또 어렵게 이긴 후의 성취감도 잔뜩 맛볼 수 있다. 서로 유리해 보이는 위치에 서려고 다투기도 한다.

어른은 환경이 바뀌면 새로운 환경에 맞게 적응해야 한다는 것을 당연하게 받아들이지만 아이들은 그런 방법을 어디에서 배우겠는가. 학교에서 배우지 못하는 것을 캠핑장의 놀이로 배워보는 것도 큰 의미가 있다고 생각한다.

투호놀이도 아이들 손을 거치면 새로운 놀이로 변신한다. 처음에는 원래

의 방법 그대로 던지고 놀다가 나중에는 놀이를 확장시켜 나뭇가지 말고도 주위에 있던 돌이나 솔방울을 주워서 던지며 "골인~!"을 외친다. 투호놀이가 농구로 바뀌기도 하고, 어느새 설거지통엔 버리는 물건들이 모이기도 한다. 이렇게 자연스럽게 변형되는 아이들의 놀이를 굳이 규칙이라는 이름으로 틀에 가둘 필요는 없다.

◈ 나뭇가지 외에 통에 던져 넣을 만한 것을 찾아보자. 작은 돌멩이도 좋고 솔방울도 좋다. 단, 무게가 어느 정도 나가는 것이어야 설거지통까지 잘 날아가고 힘 조절도 쉽다.

비석치기

비석치기는 지역마다 부르는 이름이나 놀이방법이 다르다. 이 놀이의 핵심은 발끝에서 머리꼭대기까지 단계를 밟아가며 돌을 옮겨서 상대방의 돌을 넘어뜨리는 것. 별다른 도구가 필요 없고 돌만 있으면 되는 사방치기와 비석치기는 내가 지금의 내 아이들 또래였을 때 제일 만만하게 했던 놀이다. 돌이 잔뜩 널려 있는 캠핑장에서도 이보다 간편한 놀이가 없다.

한 번은 심심해하는 아이에게 비석치기를 하자고 제안했다. 놀이의 순서를 떠올리고 있는 사이, 아이가 놀이 방법은 물론 비석치기의 또 다른 이름을 가르쳐주는 게 아닌가.

"아빠, 그걸 비석치기, 비사치기, 아니면 돌치기라고도 불러. 아빠는 뭐라고 불렀어?"

"어라! 네가 이걸 어떻게 알지?"

"3학년 국어교과서 '전통놀이'편에 나오는 놀이야."

오호라. 요즘도 이 놀이를 아이들에게 가르치고 있나보다.

비석치기는 손바닥만 한 돌을 들고 4~5m 앞에 세워놓은 상대편의 돌을 맞춰 쓰러뜨리는 놀이다. 출발선에 서서 돌을 던져 상대편의 돌을 맞추는 것이다. 공격의 단계도 있다.

① 제자리에서 던지기 → ② 한 발 뛰기 → ③ 두 발 뛰기 → ④ 세 발 뛰기 → ⑤ 재기

거리를 점점 멀리하며 던지는 것이다. 또 다음 단계도 있다.

⑥ 도둑 발(돌을 발등 위에 올리고 걸어가기) → ⑦ 토끼뜀(돌을 양 발목 사이에 끼우고 걸어가기) → ⑧ 오줌싸개(돌을 양 무릎 사이에 끼고 걸어가기) → ⑨ 똥퍼(돌을 양 허벅지 사이에 끼고 걸어가기) → ⑩ 배사장(돌을 배꼽 위에 올리고 걸어가기) → ⑪ 술병 쥐기(오른손 또는 왼손에 돌을 살짝 올리고 걷기) → ⑫ 신문팔이(돌을 겨드랑이에 신문 끼우듯 끼우고 걸어가기) → ⑬ 장군(돌을 어깨 위에 올리고 걸어가기) → ⑭ 턱 치기(돌을 턱과 목 사이에 끼우고 걸어가기) → ⑮ 떡장수(돌을 머리 위에 올리고 걸어가기) → ⑯ 장님(한쪽 눈을 감고 그 위에 돌을 올리고 걸어가기)

결국, 상대편 비석을 쓰러뜨리면 이기는 것이다. 공격 중에 돌을 떨어뜨리면 아웃이고 이때 공격과 수비를 바꾸게 된다.

지금 생각해봐도 참 단순하지만 중독성 있는 놀이인 것 같다. 흙바닥과 돌이 있는 캠핑장으로 떠난다면 미리 순서를 외워두고 아이들과 신나게 놀아보자. 동심의 세계에 들어가 함께 웃고 놀면서 마음의 여유를 찾게 될 것이다.

이렇게 놀아요

● 아이가 나름의 규칙을 만들어 놀게 하는 것도 좋다. 아이들은 응용력이 뛰어나 눈을 감고 던진다거나 뒤로 또는 옆으로 던지기, 돌을 손등 위에 올리고 걷기, 심지어는 돌을 엉덩이에 끼우고 걸어가기 등으로 변경하기도 한다.

사방치기

준비물 선을 그릴 재료, 돌, 나뭇가지

사방치기는 여자아이들이 주로 했던 놀이로 기억된다. 아내 역시 사방치기의 추억을 간직하고 있었다. 요즘 아이들도 같은 방법으로 한다기에 캠핑장을 이용해 놀아보기로 했다. 평소에는 학교 운동장이나 아파트 놀이터 주변에서 하곤 한다. 우리 동네에는 바닥에 사방치기 놀이판을 그려놓은 곳도 있다.

사방치기는 평평한 바닥에 네모꼴의 놀이판을 그리고 납작한 돌을 던진 후 이 돌을 한 발로 차서 다음 칸으로 이동시켜나가는 놀이다. 한 발을 들고 해야 하므로 바닥이 평평한 곳이 적당하고, 아이들의 균형 감각과 운동신경을 발달시키기에도 좋다.

바닥에 그림을 그려도 되지만 바닥이 흙이나 잔디일 경우에는 돌과 나무를 이용해 경계선을 만들어도 좋다. 놀이를 처음부터 스스로 만들어가며 하다 보면 과정부터 즐거운 경험이 된다.

- 정형적인 사방치기 놀이판 대신 아이들이 원하는 모양으로 그려놓고 놀아도 재미있을 것이다.

10

말 달리기

준비물 말 달리기 장난감

　큰 장이 서는 지역의 캠핑장에 갈 때면 꼭 장에 들른다. 서울에서는 쉽게 볼 수 없는 풍경이라 아이들에게는 아주 좋은 경험이 되기 때문이다.

　요즘도 장이 서는 날이면 캠핑장에 들르기 전 장부터 찾곤 하는데, 어쩌다 정말 반가운 물건을 발견하게 된다. 바로 추억의 장난감! 내가 어릴 때 가지고 놀던 것인데, 모양도 거의 변함 없이 향수를 자극하며 발길을 끈다. 지금 소개하는 이 놀이도 바로 장에서 찾아낸 옛 장난감이 주인공이다.

　말 모형 끝에 공기가 들어갈 수 있는 가는 줄이 연결되어 있고 그 끝은 손으로 눌러 공기를 주입하는 작은 펌프가 달려 있는 장난감. 반가운 마음에 나와 아이들 것을 한 마리씩 장만해 아직까지도 가끔 캠핑 때 챙겨가 잘 가지고 논다. 게임기나 휴대폰을 대신할 캠핑지의 장난감으로 하나 추가할 만하지 않을까?

　빨리 달리기, 서로 밀어내기, 장애물 넘기 등을 할 수 있어 처음 보는 친구들끼리도 금세 친해질 수 있다.

11

그림자놀이

준비물 랜턴

추운 겨울 따뜻한 텐트 안에서 온 가족이 오순도순 모여 할 수 있는 놀이다. 어릴 적 작은 불을 켜놓고 벽이나 이불에 손그림자를 만들며 놀던 생각이 난다.

아이가 손그림자를 만들 때 아빠는 아이의 손 뒤쪽에서 랜턴을 비춰 그림자가 잘 생기도록 도와준다.

아이들이 상상력을 마음껏 펼치며 손을 이리저리 이용해 그림자 만들기에 익숙해지면 아이와 함께 그림자 상황극을 연출해보는 것도 좋다. 예를 들면 생활 속에서 일어났던 엄마와의 갈등 상황이나 아빠에게 그냥 얘기하기는 쑥스러운 것들을 그림자놀이를 통해 표현하도록 하는 것이다. 마치 연극을 하듯이 말을 걸면 아이들 또한 배우가 되어 대답한다. 아이와 눈높이만 맞추면 대화가 깊고 길어진다.

아이들보다는 오히려 아빠나 엄마에게 더 어려운 놀이일지도 모른다. 하지만 아이들의 속내를 들어보고 오래 기억에 남을 추억을 만드는 것임을 생각하고 용기를 내보자.

🍂 돌아가며 한 명씩 그림자놀이를 해도 좋다. 누가 어떤 모양의 그림자를 만드는지 서로 뽐내는 시간이다. 동물 모양일 수도 있고 산이나 나무 같은 자연을 표현할 수도 있다. 자동차도 되고 엄마나 아빠도 만들 수 있다.

12

공기놀이

공기놀이는 옛날 옛적 엄마의 놀이다. 아내의 말을 빌리자면 엄마 어릴 적 여자아이들은 손 안에 여러 개가 잡히는 작은 돌멩이를 항상 준비해서 다녔고 어디서나 그 돌멩이를 꺼내 공기놀이를 했다고 한다. 여자아이들에 겐 최고의 놀이였던 것이다.

의외로 요즘 아이들도, 게다가 남자아이들까지도 쉬는 시간 교실 바닥에 앉아 공기놀이를 하곤 한단다. 여자아이들에게 한 수 배우며 함께 논다고 하니 신기할 따름이다. 나 어릴 때는 여자아이들 틈에 껴서 공기놀이를 해 볼라치면 놀림을 당했던 기억이 있다.

아내의 말이, 요즘은 양성평등교육 세대라 남자아이 여자아이 구분이 없 다고 한다. 여자아이들도 축구나 농구, 씨름 등을 다 할뿐더러, 특히 성장이 빠른 여자아이들은 남자들보다 훨씬 뛰어난 경우도 있다고 한다. 성에 따른 선입견 없이 모두가 기회를 공평하게 나눈다고 하니 참 반가운 일이 아닐 수 없다.

자, 캠핑장에서도 우리 집 두 아이는 엄마와 함께 양성평등놀이를 했다. 학교에서는 기성품 공기를 가지고 놀지만 자연에 나왔으니 자연의 장난감 을 활용하도록 한다. 텐트 주변에서 손에 잘 잡힐 만한 작은 돌멩이를 여러

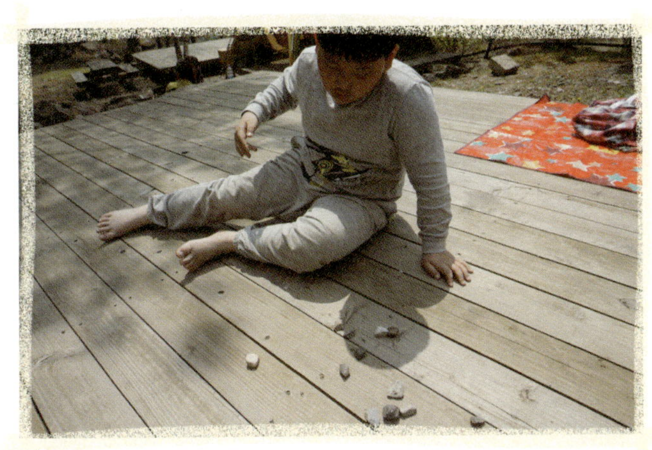

개 주워오면 된다. 꼭 5개로만 할 것이 아니라 여러 개로 노는 법을 응용해 보는 것도 재미있을 듯하다.

이렇게 놀아요

🔸 돌멩이 수십 개를 바닥에 깔아놓고 2개씩 또는 3개씩 따먹기 놀이를 해 누가 돌을 많이 가져가는지 대결해도 재미있다.

주의할 것!

🔸 공기놀이를 하는 바닥에 울퉁불퉁한 자갈이나 날카로운 것이 있으면 손을 다칠 염려가 있으니 바닥을 고르게 치워주거나 돗자리 또는 테이블 위에서 놀 수 있도록 해주자.

13

글라이더 날리기

준비물 글라이더 세트

요즘도 '과학의 달' 행사로 '글라이더(고무 동력기) 날리기 대회'를 여는 모양이다. 나의 초등학교 시절에도 이런 대회가 있어 지원하곤 했다. 내가 어릴 적 했던 놀이를 지금의 내 아이들도 즐기는 것을 볼 때마다 묘한 동질 감이 느껴져 기분이 좋다.

이렇게 처음부터 공유가 되는 놀이는 캠핑지에서 아이들과 함께 노는 소 재로 적합하다.

"우와! 아빠도 할 줄 알아?" 하며 어서 해보자고 조른다. 가끔은 매주 가 는 캠핑을 지겨워하는 아이에게 미끼 삼아 이처럼 흥미를 보일 만한 놀이를 제안하기도 한다.

'자연'이라는 캠핑장의 특징을 한껏 살릴 수 있는 놀이로 글라이더 날리 기를 뽑았다. 넓은 잔디밭과 푸른 하늘이 있는 캠핑장에서라면 학교 운동장 에서 해본 것보다 몇 배는 더 신나는 경험이 될 것이기 때문에. 푸른 초원을 가로질러 하늘로 날아오르는 비행기를 상상해보자. 이 즐거운 상상은 현실 이 되고 어느새 아이가 만든 글라이더는 하늘을 향해 날아가고 있다. 방금 아빠와 뚝딱뚝딱 만든 비행기가 정말로 날고 있다니, 아이에겐 성취감을 가 득 안겨줄 수 있는 놀이이기도 하다. 비행기를 보며 하늘을 나는 꿈을 꾸고

어쩌면 그런 꿈들이 가슴속에 깊이 자리 잡아 훗날 구체적이고 원대한 일을 해낼지 누가 알겠는가. 아이들에겐 우연히 경험한 작은 놀이가 꿈의 씨앗이 될 수도 있는 것이다. 이런 생각을 할 때마다 캠핑을 도저히 그만둘 수가 없다. 더 열심히 찾아 다니고 아이들에게 자연을 벗 삼아 노는 방법을 한 가지라도 더 알려주고 싶다. 아이들이 긍정적인 에너지를 지니고 살아갈 수 있도록 부지런히 응원하는 것이 '아빠'가 할 일이다.

이렇게 놀아요

🔸 글라이더를 만들기에 어린 아이에게는 종이 한 장을 준비해 종이비행기를 만들어주자. 아빠가 만들어준 종이비행기는 세상 어떤 점보급 비행기보다 늠름하고 멋져 보일 것이다.

🔸 종이비행기를 가지고 놀 때에는 그때그때 룰을 만들어 승부를 겨루면 재미있다. 예를 들어, 종이비행기 멀리 날리기, 종이비행기를 날려 바닥에 그려놓은 원 안에 착륙시키기, 여러 가지 모양의 종이비행기 만들기(종이접기 책에 여러 가지 방법이 나와 있다.) 등을 해보자.

아이와의 캠핑, 진화를 꿈꾸며

자녀를 동반하고 캠핑을 잘 다니던 가족이 어느 순간부터 뜸해지거나 아이는 함께 오지 않는 경우를 많이 본다. 이유를 물어보면 대부분 사춘기에 들어선 아이가 더 이상 부모와 다니기를 거부하고 친구들과 주말을 보내고 싶어 한다는 것이다. 또 중학생이 되어 주말에 부족한 공부를 하거나 학원을 다니는 경우도 있다. 그래서 캠핑장에서는 초등학교 고학년이나 중학생을 찾아보기 힘들다.

아이가 사춘기에 들어서면 정서적으로 멀어지게 되고, 더 커서 성인이 되면 물리적으로 떨어지는 날이 오게 마련이다. 물리적으로 떨어지는 것이야 어쩔 수 없다고 해도 정서적으로는 아빠와 아들의 관계가 영원히 연결되었으면 하는 바람으로 캠핑을 시작했는데 그 연결 고리가 없어진다면 어떻게 해야 할지. 이제 캠핑의 진화를 모색해야 할 때가 온 것이다.

우리 가족이 캠핑에서 배운 건 아이들과 함께 몸을 맞대고, 함께 힘들어하고, 함께 손잡고, 함께 땀 흘리고, 함께 느끼고, 함께 나누어 먹고, 함께 견뎌내야 친밀도가 높아진다는 것이다. 이를 위해 캠핑이 하나의 수단이 되었는데, 점점 캠핑만으론 온전히 우리 가족만 함께하는 것이 쉽지 않다. 그래서 다시금 새로이 다양한 환경에서 야외 활동을 시작했고 캠핑의 의미가 되살아났다.

캠핑장에서 머무르지 말고 아이에게 더 많은 것을 보고, 듣고, 느끼게 해주자. 그 속에서 대화의 포인트를 찾아 마음속의 말들을 끌어내면 자연스럽게 아이와 교감할 수 있다. 또 캠핑이 가져다주는 부록 선물 같은 활동은 놀이 못지않게 가족의 의미를 되새기게 해준다.

트레킹

"일부러 하려고 할 때는 자연스럽게 일이 되지 않는다. 오직 그 목표만 생각하고 주의를 돌아보지 않으면 넓은 시야를 가지지 못한다."

일상생활에서 얻을 수 있는 교훈이지만 캠핑장에서 아이와 대화를 나눌 때도 적용되는 것 같다. 자, 지금부터 대화해볼까? 이렇게 시작할 수는 없지 않은가.

우선 사부작사부작 걷기를 해보자. 등산의 수준이 아니라 그야말로 아이와 가볍게 걷는 것이다. 걷기에 집중하다 보면 복잡한 생각은 잊어버리고 아이와 이런저런 얘기를 많이 하게 된다. 어떤 때는 아이에게 수수께끼도 내보고, 끝말잇기도 하고, 노래도 부르면서 걷는다. '아이가 걷는 즐거움을 알까?', '힘들다고 주저앉아버리면 어떡하지?' 하는 걱정은 기우에 불과하다.

초등학생 수준이라면 충분히 쉬어가면서 걸을 수 있는 코스들이 캠핑장 주위에 많이 있다. 특히 아이는 어른에 비해 속도도 느릴뿐더러 이것저것 길가의 풀이나 나무에 참견을 하느라 더 느리다. 그러므로 트레킹을 하는 데 소요되는 시간은 안내장에 나오는 예상 시간보다 1.5배 정도 더 소요될

수 있다는 생각을 가져야 한다. 그에 따라 아이를 위한 물이나 간식을 잘 챙겨야 한다.

캠핑 짐 대신 가벼운 배낭 안에 물, 간식, 간단한 상비약, 바람막이 점퍼를 준비해서 새롭게 떠나보자.

야생화 트레킹

우리 가족은 '야생화 트레킹'이라고 이름을 붙였다.

태백의 대덕산, 금대봉 지역에 있는 두문동재, 정선의 하늘길, 인제의 점봉산 곰배령은 야생화를 관찰하며 걷기에 좋은 코스다. 이곳들은 아이에게 풀 하나가 가지는 의미, 우리가 아끼고 사랑해야 할 자연경관을 보여줄 수 있는 가치 있는 곳이다.

매년 방문객 수를 제한하는 것을 보면 언젠가는 예전의 모습을 볼 수 없게 될 수도 있겠다는 생각을 조심스럽게 해본다. 아이들에게 부탁했다.

"이 풍경을, 이 느낌을 가슴속에 고이고이 접어두어라."

어디에서나 볼 수 없는, 신비하기까지 한 '천상의 화원'을 선물 받을 수 있는 장소에서 아이와 손잡고 거닐어보자. 아이의 가슴속에 야생화를 한 아름 선물해주니 힘이 들어도 힘든 줄 모르고, 아이와 만찬을 차려 먹은 것처럼 배부르다. 이런 곳에서 일상의 갈등, 짜증, 고민, 미움, 슬픔 따위는 한낱 먼지 같다는 것을 아이는 곧 알게 되겠지.

두문동재는 태백시청 홈페이지의 '태백산→태백생태탐방→대덕산 금대봉 생태계경관보존지역' 부분에서 사전예약을 해야 갈 수 있다. 인제의 곰배령 야생화 트레킹 역시 산림청 홈페이지의 '휴양문화→산림생태탐방→점봉산→점봉산 곰배령 탐방예약' 부분에서 예약신청을 해야 한다. 야생화도감을 준비하지 않았더라도 센터 입구에서 간단한 야생화 사진과 이름이 있는 브로슈어를 제공해주기 때문에 그것만 찾아봐도 많은 꽃을 관찰할 수 있다.

알아두기!

태백, 정선 쪽 캠핑장에서 1박을 한 후 아침부터 야생화 트레킹에 도전해보자. 아이의 걸음이 예상보다 느릴 수도 있고, 어떤 예기치 못한 상황이 발생할 수 있으니 시간을 충분히 활용할 수 있도록 아침 일찍 서두르자.

설악산 비룡폭포 가는 길

국립공원 또는 지자체 계곡 트레킹

국립공원이나 지자체에서 운영하는 야영장에서 1박을 한 후 일찍 서둘러서 자연경관을 즐겨보자. 걷다가 힘들면 쉬고 또 걷다가 힘들면 쉬면서 나무도 만지고 풀도 만져보고 가슴속에 충분히 초록색 향기를 담아내기 위해 천천히 걷는다.

설악산국립공원　설악산국립공원은 다양한 등산로가 있다. 아이에게는 힘든 코스도 있을 수 있다. 중간 간식을 준비하였다면 4시간 이상 되는 코스를 선택할 수도 있으나 보통 2~3시간 안에 마칠 수 있는 코스라면 아이도 많이 힘들이지 않고 즐길 수 있을 것이다.

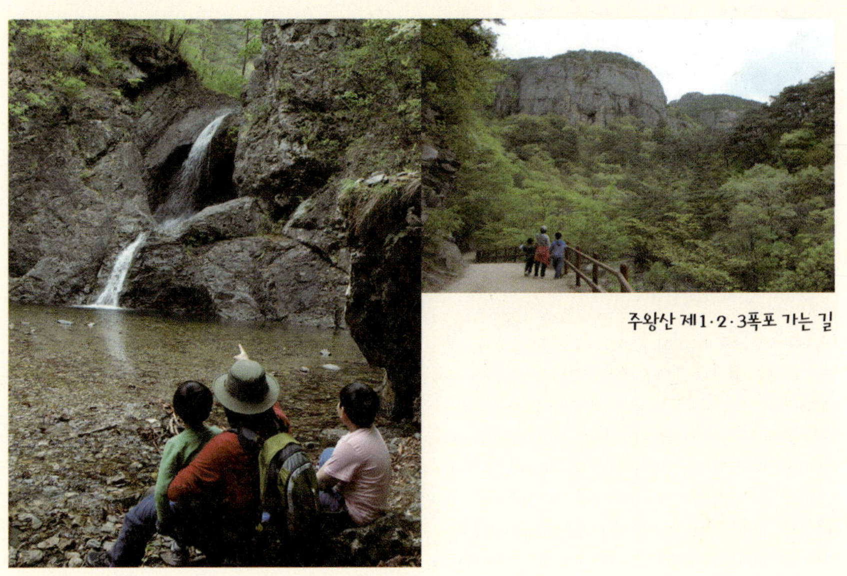

주왕산 제1·2·3폭포 가는 길

청송 주왕산국립공원 트레킹 청송 주왕산국립공원 입구에 있는 상의야영장
에서 야영 후 주왕산 트레킹에 나서보자. 제1·2·3폭포를 목표로 귀를 기울
이면서 천천히 걸어가다 보면 귓전에 들려오는 폭포 소리에 이끌려 홀린 듯
한 느낌이 든다.

아이들은 폭포에 도착하면 "폭포다~~~, 드디어 도착했다." 하며 환호성
을 지른다.

숲 속의 숨겨져 있던 보물을 발견한 듯 반갑다고 떠든다. 나 역시 아이들
의 얼굴을 보며 대견함과 뿌듯함을 느낀다.

"얘들아, 정말 반갑다."

모든 국립공원이 야영장을 운영하는 것은 아니니 미리 충분히 알아보고
떠나는 것이 좋다.

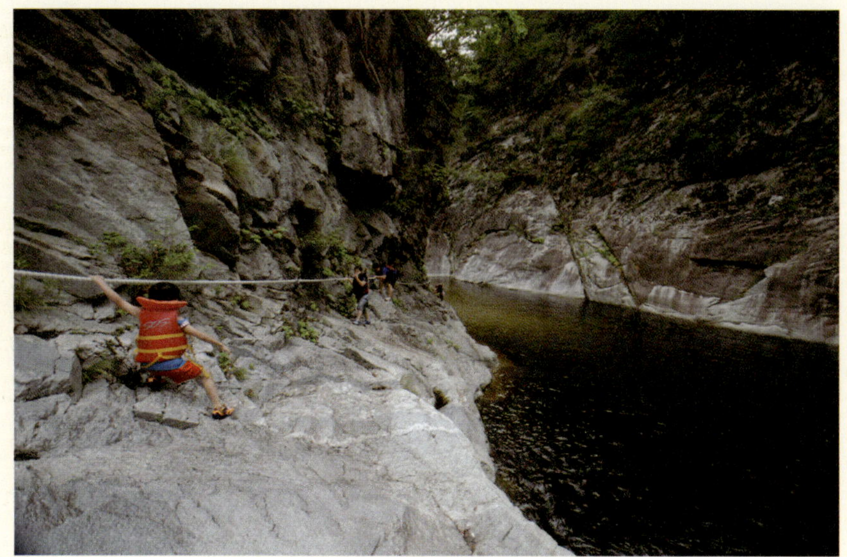

삼척 덕풍계곡 트레킹

삼척 덕풍계곡 트레킹　한여름에는 깊은 산속 캠핑이나 시원한 냇가 캠핑이 최고다. 여름의 뜨거운 태양 아래 시도하는 트레킹은 덥고 힘들 거라는 생각을 한 번에 날려주는 장소가 바로 덕풍계곡이다. 처음 덕풍계곡을 방문했을 때 구명조끼를 입고 트레킹을 나서는 게 의아했다. 실제로 올라가보니 그제야 이해가 되었다. 아이들은 계곡의 물을 따라 오르고, 계곡을 내려올 때는 아예 물을 따라 수영을 하면서 내려왔다. 어느 트레킹 때보다 아이들이 즐거워했던 기억이 난다. 물을 좋아하는 아이라면 제1용소, 제2용소까지 도전해서 트레킹을 해보자. 구명조끼와 아쿠아 슈즈 착용은 필수다.

제주 올레길　제주도의 올레길은 '걷는 자의 천국'이라고 하지 않던가? 아직 전 코스를 걸어보지는 못했지만 아이들과 천천히 계획해볼 예정이다. 연휴

제주 추자도 올레길 18-1구간

를 낀 4월 어느 날 가기도 힘든 추자도를 방문한 후 올레길 중에서도 힘든 코스에 속하는 18-1구간을 걸은 적이 있다. 아이들에게는 하루 만에 걷기 힘든 코스라 마음을 넉넉하게 먹고 2박을 하면서 천천히 걸었다.

아이들을 재촉하지 않고 느릿느릿 가다 보니 시간은 많이 걸렸지만 좀 더 세심하게 느끼는 여유를 갖게 되었다. 뭍에서 우리를 데리러 오는 배를 기다리며 모진이해변에서 시간을 보냈던 그때를 아이들은 지금도 이야기하곤 한다. 유독 숭어 떼가 펄떡거리던 그 바다를 하염없이 바라보던 아이의 모습을 추억하는 아빠처럼.

위에 소개한 곳들 외에도 지자체에서 걷는 길을 많이 조성하고 있다. 캠핑을 즐기면서 아이와 함께할 수 있는 장소가 많아지는 것은 반가운 일이 아닐 수 없다.

조령산자연휴양림 야영 → 괴산 산막이 옛길 걷기

불정사자연휴양림 야영(성수기 때만 야영 가능) → 문경새재 옛길 제1·2·3 관문 걷기

제주 올레길 1~20구간

속리산 화양동야영장 야영 → 화양구곡 걷기

가평 경반분교 야영 → 수락폭포 걷기

강릉 오대산 소금강자동차야영장 야영 → 비룡폭포까지 걷기

울진 T131캠프 야영 → 소광리 금강소나무 군락지 걷기

등등…….

물론 코스는 아이의 상태에 맞게 조정하면 된다. 하지만 목표를 정하고 그 목표를 향해 인내심을 가지고 나아가는 것의 필요성도 느끼게 해줄 필요가 있다. 아이에게 당근이 될 수 있는 초콜릿이나 음료수를 준비해서 끝까지 해내는 기쁨을 알게 유도하고 격려해주는 것도 좋을 듯하다.

같이 걸을 수 있는 장소는 많으니 같이 걸을 수 있는 날만 계획하면 될 것 같은데, 사실 아이들과 함께할 시간이 그리 많지 않음을 느낀다. 이 조급한 마음이 매주 캠핑을 계획하는 이유 중 하나이기도 하다.

카약

감히 사람이 접근할 수 없었던 풍경을 물길을 따라가면서 그제야 발견하게 된다. 직접 보지 않고 상상할 수는 없다. 직접 보지 않고 느낄 수는 없다. 더구나 풍경과 느낌을 한 배를 타고 공유하는 것은 어떤 것으로도 대신할 수 없다.

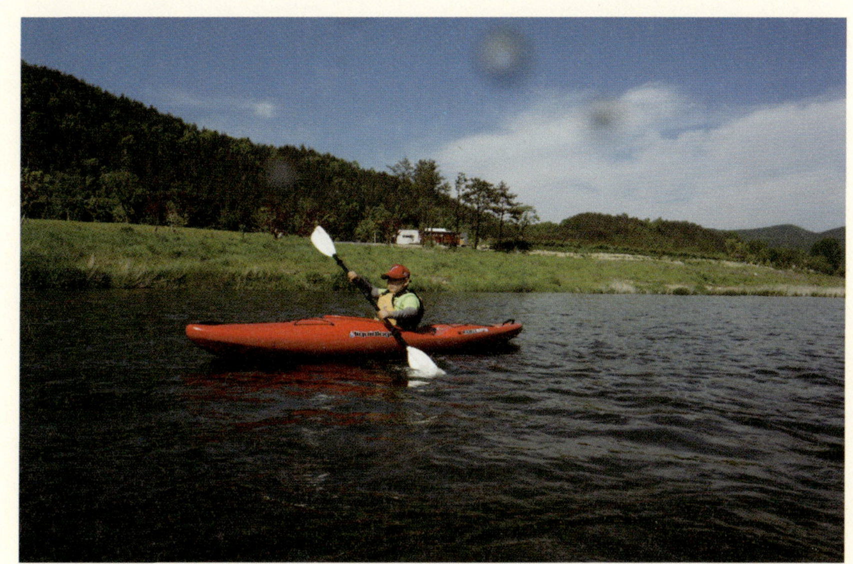

금강카약킹

'아들아, 우린 태어나면서부터 한 배를 탔었는데, 왜 그걸 이제야 깨달은 것일까?'

같이 노를 저으면서 그제야 한 배를 탔음을 실감하고는 노를 쥔 손에 힘이 들어간다.

거친 물길이 나타나거나 지나야 할 좁은 다리가 나오면 아이는 신나하는데 나는 괜히 걱정이 되어서 오히려 더 긴장하게 된다. 그래도 아이가 뒤돌아보면서 하는 말 한마디에 안도의 숨을 내쉬며 '그래, 오늘도 우리 신나게 놀아보자.' 다짐을 해본다.

"아빠, 짱이야~~~!"

풍경이 멋지다는 말인지 카약이 재미있다는 말인지 알 수는 없지만 지금 이 순간이 훗날 큰 의미가 될 것임을 의심하지 않는다.

큰아이 혼자 단독으로 카약을 탈 때 뒤를 졸졸 따라갔다. 마치 걸음마를 배울 때처럼, 처음 자전거를 탈 때처럼. 혹시 전복이 될까, 물살을 이기지 못하면 어떡하지, 하는 걱정에 가까이도 가지 못한 채 멀찍이서 따라갔다.

아이는 믿어주는 만큼 자란다고 하지 않던가. 아무런 이야기는 해주지 못했지만 중요한 순간에 항상 아이의 뒤를 지켜주었던 아버지의 모습으로 기억되고 싶다.

세상의 끝 보여주기

양양에서 캠핑을 했다면 하조대로 떠나보자.

하조대 전망대에 오르면 왼쪽 오른쪽으로 시야가 탁 트인 곳이 있다. 그곳에 서서 시선을 왼쪽에서 오른쪽으로 돌려보자. 바다 끝이 정말 동그랗게 보인다. 이것이 바로 지구의 모습이다. 아이들과 꼭 한 번 보도록 권한다.

우리 집 큰아이는 그 모습을 보더니 "아빠, 딱 봐도 지구는 네모가 아닌데 왜 고대 사람들은 지구를 네모난 모양이라고 생각했을까?"라는 질문을 했다.

신기한 광경이 무뚝뚝한 사내아이들을 수다쟁이로 만든다.

"야~ 산이 도대체 몇 겹으로 있는 거야?"

"내가 이 산중에서 제일 높은 데 있는 거내?"

"야~ 경치 좋다! 하늘 색깔좀 봐. 파란색도 여러 가지야~."

"저 산 넘어 끝에는 뭐가 있을까?"

아이들이 보고 듣고 느끼는 것을 고스란히 다 담을 수 있는 카메라가 있다면 좋겠다. 높은 곳에서 내려다 보며, 넓은 곳에서 멀리 앞을 바라보며 무

양양 하조대   정선 하늘길

엇을 느끼는지.

　요즘도 산 정상, 처음 만나는 세상에 오를 때면 아이들은 한참을 말없이 서 있다. 무슨 생각을 하는지 정확하게 알 수 는 없지만 느낀 것을 오래 간직할 수 있도록 한참 내버려둔다.

캠핑에서는 뭐든지 함께해요!

캠핑의 꽃,
요리 시간

캠핑 요리 편

봄

해물카레파에야

화전

조갯살고추장찌개

김자반멸치주먹밥

안심스테이크샐러드

볶음우동오믈렛

조개탕수제비

낙지볶음과 볶음밥

미역잔치국수

달걀샌드위치

햄치즈샌드위치

참치샌드위치

주꾸미샤부샤부

훈제오리냉채

우엉튀김

쑥동그랑땡

돈가스덮밥

태국식 매콤꽃게볶음

해물카레파에야

준비할 재료 4인

쌀 1½컵

오징어 1마리

새우(중하) 5마리

노랑파프리카 1/2개

방울토마토 5개

다진 양파 1/2개

다진 마늘 2작은술

카레가루 1큰술

고수 5줄기

물 1컵

화이트와인 2큰술

올리브오일 2큰술

소금·후춧가루 조금씩

요리하기

1 새우는 등 쪽 껍질 마디 사이로 내장을 제거하고 껍질째 준비한다. 오징어는 내장을 제거하고 껍질을 벗긴 뒤 1cm 두께의 링 모양으로 썬다.

2 파프리카는 0.7cm 두께로 썰고 방울토마토는 꼭지를 떼고 반으로 자른다.

3 팬에 올리브오일을 두르고 다진 양파, 다진 마늘을 넣어 볶다가 쌀을 넣어 볶는다.

4 쌀이 투명해지면 물과 카레가루를 넣고 섞은 뒤 새우, 오징어, 파프리카, 방울토마토를 얹는다. 소금, 후춧가루로 간을 한 뒤 5분 정도 더 끓이다가 쿠킹포일을 덮고 약한 불에서 12분 정도 익힌다. 불을 끄고 10분간 뜸을 들인 뒤 송송 썬 고수를 얹는다.

캠핑용 프라이팬을 활용해 만드는 스페인식 솥밥! 캠핑의 낭만을 제대로 즐기기 위해 한번 도전해볼 만한 요리예요. 재료는 아이들이 좋아하는 것으로 바꿔도 되고 다른 요리를 위해 준비해간 재료 중에서 활용해도 됩니다.

화전

준비할 재료 

쌀가루 1컵, 찹쌀가루 1/2컵, 진달래꽃 10송이, 쑥 5줄기, 끓는 물 적당량, 조청용 올리고당 5큰술, 포도씨유 적당량, 소금 1/2작은술

요리하기

1 큼직한 볼이나 코펠에 쌀가루, 찹쌀가루, 소금, 끓는 물을 넣고 치대어 반죽을 만든뒤 동글납작하게 빚는다.

2 팬에 포도씨유를 넉넉히 두르고 ①의 반죽을 얹은 뒤 진달래꽃잎과 쑥잎을 올려 앞뒤로 지진다.

3 ②가 익으면 조청용 올리고당을 고루 묻힌다.

아이들에게 전통 절기 음식인 '화전' 만드는 법을 알려주세요. 봄철 캠핑지에서 쉽게 눈에 띄는 진달래로 만들 수 있어요. 계절과 자연을 온몸으로 느끼는 기회가 될 거예요.

조갯살고추장찌개

준비할 재료

조갯살 100g
감자 1/2개
양파 1/2개
풋고추 1개
멸치육수 400㎖

양념

고추장 3큰술
다진 마늘 2작은술

멸치육수

물 600㎖
마른 다시마(사방 5cm) 2장
국물용 멸치 20마리

요리하기

1 국물용 멸치는 대가리와 내장을 제거하고 마른 팬에 볶은 뒤 나머지 멸치육수 재료와 함께 냄비에 넣고 20분 정도 끓여 면포에 거른다.

2 감자는 껍질을 벗겨 사방 0.7cm 크기로 썰고 양파도 감자와 같은 크기로 썬다. 풋고추는 1cm 두께로 송송 썬다.

3 조갯살은 지저분한 내장은 떼어내고 옅은 소금물에 헹군다.

4 볼에 양념 재료를 넣고 고루 섞는다.

5 냄비에 분량의 멸치육수를 넣고 끓이다 국물이 끓기 시작하면 양념을 풀고 감자, 양파, 조갯살을 넣어 중간 불에서 끓인다. 감자가 익으면 송송 썬 풋고추를 넣고 한소끔 더 끓인다.

양념 재료를 미리 섞어 작은 밀폐용기에 담아가면 바로 꺼내서 사용할 수 있어 편해요. 캠핑장에서 요리할 땐 복잡한 과정을 최소화하는 것이 관건이거든요! 멸치육수도 미리 만들어 냉장고에 넣어두었다가 가져가도록 하세요.

김자반멸치주먹밥

준비할 재료

밥 4공기, 잔멸치 50g, 데리야
키소스·물엿·물 1큰술씩, 포도
씨유 2큰술, 김자반 1컵

데리야키소스 마른 표고버섯 1개,
마른 고추 1개, 굵은 파(10cm) 1
줄기, 가쓰오부시 5g, 간장 1컵,
물엿 100ml, 청주·미림 3큰술
씩, 설탕 2큰술

요리하기

1　가쓰오부시를 제외한 데리야키소스 재료를 모두 냄비에 넣고
끓이다가 마지막에 가쓰오부시를 넣고 약한 불로 줄여 15분 정도
졸인다. 불을 끄고 그대로 식힌 뒤 체에 거른다.

2　데리야키소스, 물엿, 물을 섞는다

3　달군 팬에 포도씨유를 두르고 중간 불에서 잔멸치를 넣어 바
삭하게 볶는다.

4　멸치가 바삭하게 익으면 ②를 넣고 약한 불에서 후다닥 섞어
멸치볶음을 만든다.

5　볼에 밥, 멸치볶음, 김자반을 넣어 고루 섞은 뒤 먹기 좋은 크
기로 빚어 주먹밥을 만든다.

집에서 밑반찬으로 먹던 멸치볶음을 가져가면
간편하겠죠? 시중에 판매하는 김자반을 활용하
면 더더욱 간편하게 주먹밥을 만들 수 있어요.

안심스테이크샐러드

준비할 재료 4인

쇠고기(안심) 200g
방울토마토 8개
청포도알 20개
베이비채소 4줌
포도씨유 1큰술
소금·후춧가루 조금씩

드레싱

발사믹식초 5큰술
올리브오일 3큰술
다진 양파 4큰술
다진 마늘 1/2작은술
소금 1/3작은술

요리하기

1 드레싱 재료를 모두 섞어 밀폐용기에 담는다.

2 방울토마토는 깨끗이 씻어 꼭지를 떼고 반 가른다. 베이비채소와 청포도알은 깨끗이 씻어 물기를 뺀다.

3 달군 팬에 기름을 두르고 쇠고기를 얹은 뒤 소금과 후춧가루를 뿌려 간한다. 양면이 노릇하게 구워 쿠킹포일로 싸서 식힌 뒤 도톰하게 자른다. 고기는 미디엄 정도로 굽는 것이 알맞다.

4 큼직한 볼에 베이비채소와 방울토마토, 청포도알을 담고 ③의 스테이크를 얹은 뒤 드레싱을 뿌려 샐러드를 완성한다.

스테이크용 고기는 냉매를 넣은 쿨러 등에 넣어 상하지 않도록 보관하세요. 캠핑장에서 바로 꺼내 요리하기 쉽도록 용도에 따라 구분해 지퍼백 등에 넣어가면 좋아요.

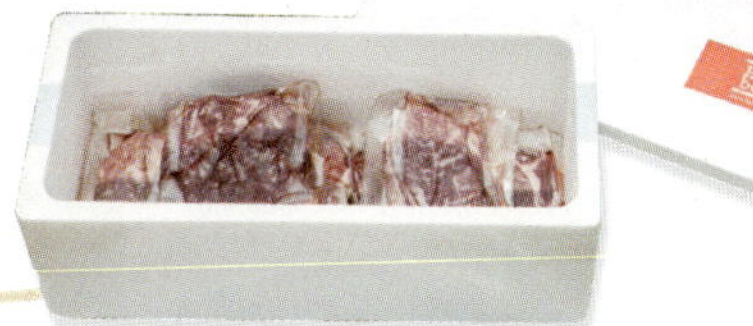

볶음우동오믈렛

우동 면 1인분
돼지고기(목살) 2장
숙주 50g
양배춧잎 3장
양파 1/4개
달걀 5개
오코노미야키소스 4큰술
마요네즈 2큰술
포도씨유 2큰술
가쓰오부시 1컵
파래김가루 적당량
소금·후춧가루 조금씩

요리하기

1 양파는 결을 살려 굵게 채 썰고 양배추는 사방 3cm 크기로 썬다. 돼지고기는 도톰하게 채 썬다.

2 우동 면은 끓는 물에 살짝 데친 뒤 건져 물기를 뺀다.

3 달군 팬에 포도씨유 1큰술을 두르고 양파, 돼지고기, 양배추 순으로 넣어 볶다가 우동 면을 넣어 함께 볶는다. 소금과 후춧가루로 간한 뒤 오코노미야키소스 3큰술을 넣고 후다닥 볶아 불에서 내린다.

4 볼에 달걀을 풀어 소금 간을 한다. 달군 팬에 포도씨유 1큰술을 두르고 풀어놓은 달걀을 부어 익힌다. 반쯤 익으면 ③을 올리고 약한 불에서 익힌다.

5 그릇에 ④를 뒤집어 담고 오코노미야키소스와 마요네즈를 뿌린 뒤 가쓰오부시와 파래김가루를 얹는다.

조개탕수제비

준비할 재료 

바지락·모시조개 100g씩, 당근 1/4개, 애호박 1/2개, 마른 고추 1개, 굵은 파 1/2줄기, 마늘 5쪽, 물 1*l*
수제비 반죽 밀가루 2컵, 물 70*ml*, 소금 조금

요리하기

1 바지락과 모시조개는 옅은 소금물에 1시간 정도 담가 해감을 한 뒤 깨끗이 씻는다.

2 볼에 분량의 밀가루, 물, 소금을 넣고 치대어 수제비 반죽을 만든다.

3 굵은 파는 어슷하게 썰고 애호박은 반달 모양으로 썰고 당근은 굵게 채 썬다.

4 냄비에 조개, 물 1*l*, 통마늘, 마른 고추를 넣고 끓인다.

5 조개가 입을 벌리면 당근을 넣고 수제비 반죽을 떼어 넣은 뒤 수제비가 익으면 파와 애호박을 넣고 한소끔 끓인다.

아이들은 수제비 반죽을 떼어 넣을 때도 모양 만들기를 하면서 창의성을 발휘한답니다. 어른은 요리하는 수고를 덜 수 있고 아이들은 재미있지요.

남은 밥이나 시판 즉석 밥을 이용하기에
좋은 요리예요. 낙지볶음과 볶음밥을 같은
양념으로 한 번에 만들 수 있어 편한데다
낙지볶음은 어른들 술안주로, 볶음밥은 아
이들 별미로 먹기 좋은 조리법이지요.

낙지볶음과 볶음밥

준비할 재료 4인

밥 4공기
낙지 2마리
양파 1/2개
청·홍고추 1/2개씩
참기름 1작은술

양념

고추장·물엿 1큰술씩
다진 마늘 2작은술
고춧가루 1큰술
설탕 1작은술
후춧가루 조금

요리하기

1 낙지는 내장을 제거하고 손질하여 5cm 길이로 썬다.

2 양파는 결을 살려 굵게 채 썰고 고추는 어슷하게 썬다.

3 볼에 양념 재료를 모두 넣고 고루 섞는다.

4 팬에 참기름을 두르고 양파와 낙지를 넣어 볶는다.

5 양파가 투명하게 익으면 ③의 양념과 고추를 넣고 볶아 그릇
에 담는다.

6 낙지를 볶은 팬에 밥을 넣어 고루 볶는다.

7 낙지볶음과 볶음밥을 각각 담아낸다.

미역잔치국수

소면 200g
마른 미역 3g
애호박 1/4개
당근 1/5개
멸치육수 600ml
국간장 1작은술
마늘 1쪽

멸치육수

물 600ml
마른 다시마(사방 5cm) 2장
국물용 멸치 20마리

요리하기

1 국물용 멸치는 대가리와 내장을 제거하고 마른 팬에 볶은 뒤 나머지 멸치육수 재료와 함께 냄비에 넣고 20분 정도 끓여 면포에 거른다.

2 마른 미역은 불렸다가 조물락조물락 씻는다. 애호박은 반달 모양으로 썰고 당근은 굵게 채 썰고 마늘은 얇게 저며 썬다.

3 끓는 물에 소면을 넣고 3분 정도 삶아 익힌 뒤 찬물에 헹구어 물기를 뺀다.

4 냄비에 멸치육수와 국간장, 마늘을 넣고 끓이다가 애호박과 당근을 넣어 끓인다.

5 당근이 익으면 삶아둔 소면을 넣고 한소끔 끓인다.

멸치육수는 미리 만들어가면 캠핑장에서 번거롭지 않아 좋아요. 미리 만든 멸치육수는 밀폐용기에 담아 냉장 보관했다가 가져가세요. 시판 농축 육수를 사용해도 간편합니다.

달걀샌드위치

준비할 재료 8개

버터롤 8개, 달걀 5개, 양파 1/2개, 마요네즈 5큰술, 연유 1큰술, 소금·후춧가루 조금씩

요리하기

1 양파는 다져서 물기를 꼭 짠다.

2 달걀은 완숙으로 삶아 껍질을 벗기고 다진다.

3 볼에 양파, 달걀, 마요네즈, 연유, 소금, 후춧가루를 넣고 골고루 섞어 샌드위치 소를 만든다.

4 버터롤을 반으로 가른 뒤 ③의 소를 올려 샌드위치를 완성한다.

햄치즈샌드위치

준비할 재료 

버터롤 4개, 슬라이스 햄 4장, 방울 토마토 12개, 베이비채소 3줌, 다진 체더치즈 1컵, 마요네즈 3큰술, 씨겨 자 1큰술

요리하기

1 방울토마토는 깨끗이 씻어 꼭지를 떼고 반으로 가른다. 베이 비채소는 깨끗이 씻어 물기를 뺀다.

2 볼에 마요네즈와 씨겨자를 넣고 섞어 스프레드를 만든다.

3 버터롤을 반으로 가른 뒤 ②의 스프레드를 바르고 방울토마 토, 베이비채소, 햄, 치즈를 올려 샌드위치를 완성한다.

참치샌드위치

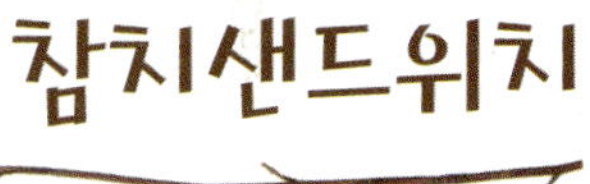

준비할 재료 

버터롤 4개, 참치 캔(큰 것) 1통, 양 파 1/2개, 마요네즈 4큰술, 바질가루 1/2작은술, 소금·후춧가루 조금씩

요리하기

1 참치 캔은 체에 밭쳐 기름을 뺀다. 양파는 다져서 물기를 꼭 짠다.

2 볼에 참치와 양파, 마요네즈, 바질가루, 소금, 후춧가루를 넣고 골고루 섞어 샌드위치 소를 만든다.

3 버터롤을 반으로 가른 뒤 ②의 소를 올려 샌드위치를 완성한다.

재료를 미리 다져가지 못하는 경우에는 캠핑장에서 간편하게 사용할 수 있는 조리도구를 활용하세요. 전기에 연결할 필요도 없이 재료를 손쉽게 다져주는 '터보 차퍼' 등의 기구는 야외에서 요리하는 번거로움을 줄여주지요.

주꾸미샤부샤부

준비할 재료 4인

주꾸미 4마리
교나 40g
배추속잎 4장
무 30g

육수

물 300*ml*
시판 고형 육수 1개

유자폰즈소스

유자껍질(채 썬 것) 20g
레몬슬라이스 2장
간장 180*ml*
식초 120*ml*
다시마물 200*ml*
설탕 1큰술

부피가 작고 보관이 용이한 고형 육수를 활용하면 물에 바로 넣고 끓이기만 하면 되니 매우 간편하겠죠? 유자폰즈소스가 있으면 요리 맛을 제대로 살릴 수 있으니 집에서 만들어놓았다가 가져가세요. 유자폰즈소스도 시판 소스로 대체할 수 있어요.

요리하기

1 밀폐용기에 유자폰즈소스 재료를 모두 넣고 고루 섞은 뒤 냉장고에 하루 정도 둔다.

2 주꾸미는 내장을 제거하고 손질하여 길이로 반 가르고 교나는 5cm 길이로 썬다.

3 배추속잎은 5cm 길이로 썰고 무는 필러로 껍질을 벗겨 찬물에 30분 정도 담가두었다가 물기를 뺀다. 미리 준비해 지퍼백에 담아가면 간편하다.

4 냄비에 육수 재료를 넣고 끓이다가 손질한 주꾸미와 채소를 넣어가며 익는 순서대로 건져 유자폰즈소스에 찍어 먹는다.

훈제오리냉채

준비할 재료 4인

훈제오리 150g
오이 1개
양파 1/2개
당근 1/4개

양념

겨자 1작은술
다진 마늘 1작은술
식초 2큰술
설탕 2작은술
소금 조금

요리하기

1 오이는 5cm 길이로 썰어 반으로 자른 뒤 0.3cm 두께로 썬다.

2 당근은 굵게 채 썰고 양파도 결을 살려 굵게 채 썬다.

3 볼에 양념 재료를 모두 넣고 고루 섞는다.

4 볼에 준비한 채소와 훈제오리, ③의 양념을 넣어 가볍게 버무린다.

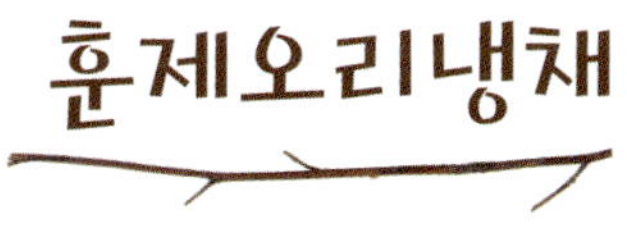

팩에 넣어 포장 판매하는 훈제오리를 준비하면 간편해요. 캠핑장 안주로 인기 있는 훈제 요리는 아이들 한 끼 식사 대용으로도 좋습니다.

우엉튀김

준비할 재료

우엉 2줄기
물 1½컵
튀김가루 1컵
소금 조금
밀가루(덧가루용) 2큰술
식용유 적당량

요리하기

1 우엉은 솔을 이용해 싹싹 비벼 씻어 어슷하게 썬 뒤 소금을 뿌려 간한다.

2 튀김가루와 물을 섞어 튀김반죽을 만든다.

3 ①의 우엉에 밀가루, ②의 튀김반죽 순으로 옷을 입힌 뒤 170℃의 기름에 노릇하게 튀긴다.

쑥동그랑땡

준비할 재료

돼지고기(간 것) 300g

두부 1/2모

쑥 50g

달걀 3개

다진 마늘 1작은술

간장 2큰술

포도씨유 적당량

설탕 1큰술

밀가루(덧가루용) 4큰술

소금·후춧가루 조금씩

요리하기

1 두부는 물기를 꼭 짜고 달걀은 볼에 풀어 달걀물을 만든다. 쑥은 손질하여 송송 썬다.

2 돼지고기 간 것에 두부, 쑥, 설탕, 간장, 다진 마늘, 소금, 후춧가루를 넣고 고루 치댄 뒤 먹기 좋은 크기로 동글납작하게 빚는다.

3 ②의 반죽에 밀가루, 달걀물 순으로 옷을 입힌 뒤 포도씨유를 두른 팬에 노릇하게 지진다.

돈가스덮밥

준비할 재료  2인

밥 2공기
돼지고기(등심) 2장
양파 1/2개
달걀 5개
쯔유 6큰술
식용유 적당량
소금·후춧가루 조금씩
빵가루 1/2컵
박력분 1큰술

요리하기

1 양파는 결을 살려 굵게 채 썬다. 달걀은 볼에 풀어놓는다.

2 돼지고기 등심을 소금과 후춧가루로 밑간하여 박력분, 달걀물 (달걀 1/2개 분량), 빵가루 순으로 묻힌 뒤 170℃의 기름에 바삭하게 튀겨 먹기 좋은 크기로 썬다.

3 팬에 쯔유와 양파를 넣고 끓이다가 ②의 돈가스를 넣고 달걀물(달걀 4개 분량)을 부어 반숙으로 익힌다.

4 그릇에 밥을 담고 ③을 얹는다.

돼지고기 등심은 밑간하여 빵가루를 묻혀서 얼려 가져가면 편해요. 육류는 냉동용 스테인리스 접시에 담아 얼린 뒤 캠핑 출발 전 지퍼백에 담으세요.

태국식 매콤꽃게볶음

준비할 재료 

꽃게 400g

양파 1개

마늘 4쪽

청·홍고추 1/2개씩

고수 10줄기

물 150㎖

카놀라유 2큰술

남플라 1/2큰술

굴소스·스위트칠리소스 1큰술씩

카레가루 1작은술

바질가루 1/2작은술

소금·후춧가루 조금씩

요리하기

1 꽃게는 내장을 제거하고 손질하여 먹기 좋은 크기로 썬다.

2 양파는 결을 살려 굵게 채 썰고 마늘은 0.2cm 두께로 저민다.

3 고추는 어슷하게 썰고 고수는 4cm 길이로 썬다.

4 팬에 카놀라유를 두르고 양파와 마늘을 넣어 볶다가 꽃게와 물을 넣고 끓인다.

5 ④가 끓으면 카레가루, 남플라, 굴소스, 스위트칠리소스, 바질가루를 넣어 섞는다. 꽃게가 익으면 소금과 후춧가루로 간해 그릇에 담고 고수를 뿌린다.

캠핑장이 바닷가라면 인근 수산시장에 들러 꽃게를 사는 것도 좋아요. 꽃게를 미리 준비해갈 경우에는 손질하여 먹기 좋게 자른 꽃게를 지퍼백에 담아 쿨러에 넣어 시원한 상태로 가져가도록 하세요.

여름

삼겹살파꼬치구이

더덕삼겹살구이

모둠김치전

멕시칸타코

가지튀김

허브양념 훈제치킨바비큐

토마토바지락찜

감자옥수수철판구이

핫도그

데리야키고추소스닭날개튀김

매콤오이비빔국수

모히토

베리민트소다

삼겹살파꼬치구이

준비할 재료 

돼지고기(삼겹살) 300g

굵은 파 4줄기

포도씨유 적당량

소금·후춧가루 조금씩

된장양념

된장 1큰술

다진 마늘 1작은술

청주 1/2큰술

미림 1큰술

설탕 1작은술

후춧가루 조금

요리하기

1 볼에 양념 재료를 모두 넣고 고루 섞는다.

2 삼겹살은 5cm 길이로 썰고 굵은 파도 같은 길이로 썬 뒤 꼬치에 삼겹살과 굵은 파를 번갈아가며 꽂는다.

3 팬에 포도씨유를 두르고 ②의 꼬치를 올려 굽는다. 삼겹살과 파의 양면이 모두 노릇하게 익으면 된장양념을 앞뒤로 발라가며 굽는다.

꼬치에 된장 베이스의 양념을 발라 구워보세요. 구수한 된장 향이 밴 색다른 별미 삼겹살구이를 맛볼 수 있을 거예요. 꼬치에 꽂은 거라 아이들도 한입씩 쏙쏙 빼 먹기 좋아요.

더덕삼겹살구이

준비할 재료

돼지고기(삼겹살) 400g
더덕 300g,
고추장양념
고추장 2큰술
고춧가루 1큰술
파프리카가루 2작은술
다진 마늘 1큰술
다진 생강 2작은술
간장·미림 1큰술씩
올리고당 3큰술

요리하기

1 볼에 양념 재료를 모두 넣고 고루 섞는다.

2 더덕은 껍질을 벗겨 살살 두드려놓고 삼겹살은 적당한 길이로 썬다.

3 더덕과 삼겹살을 양념에 재웠다가 그릴 팬에 올려 굽는다.

양념은 미리 만들어가는 게 편해요. 더덕과 삼겹살을 양념에 재워 가져가도 좋고요. 캠핑장에서 양념을 만들어 재료를 재울 때에는 오랜 시간 기다릴 수 없으니 잠깐만 재웠다가 구워도 괜찮아요!

모둠김치전

준비할 재료 4인

김치 1/2포기, 새우살 140g, 청양고추·홍고추 1개씩, 쪽파 5줄기, 부침가루 2컵, 물 2컵, 식용유 적당량, 초간장 적당량

요리하기

1 김치는 소를 적당히 털어내고 송송 썬다. 새우살은 흐르는 물에 가볍게 씻어 물기를 뺀다.

2 고추는 송송 썰고 쪽파는 5cm 길이로 썬다.

3 부침가루를 물에 풀고 김치, 새우, 채소를 넣은 뒤 고루 섞어 부침반죽을 만든다.

4 달군 팬에 기름을 두르고 ③의 반죽을 얇게 부어 양면을 노릇하게 굽는다. 초간장을 곁들여 먹는다.

김치전은 캠핑 마지막 날 김치와 남은 재료들을 넣고 만들어 먹기 좋은 메뉴예요. 김치는 소를 털어 적당한 크기로 자른 뒤 밀폐용기에 먹을 만큼만 담아가세요.

멕시칸타코

준비할 재료 

쇠고기(간 것) 200g

타코셸 8개

나초 20장

양파 1개

방울토마토 10개

양상춧잎 5장

다진 체더치즈 1컵

살사소스 1컵

식용유 1큰술

쇠고기 양념

소금 1작은술

후춧가루 조금

카레가루 1작은술

쿠민 1/2작은술

다진 마늘 1큰술

요리하기

1 달군 팬에 식용유를 두르고 쇠고기 간 것과 쇠고기 양념 재료를 모두 넣어 뭉치지 않게 뒤적거리며 볶는다.

2 양파는 다지고 방울토마토는 깨끗이 씻어 꼭지를 떼고 반으로 가른다. 양상추는 도톰하게 채 썬다.

3 나초 위에 볶은 쇠고기, 채소, 치즈, 타코셸 등을 얹어 타코를 완성한다. 살사소스를 곁들여 낸다.

칸이 나누어진 보관 용기에 준비한 재료들을 넣어서 가져가세요. 가자마자 바로 꺼내 나초 위에 갖가지 재료를 얹으면 이색 메뉴 멕시칸타코 완성! 맥주 안주나 아이들 간식으로 좋아요.

가지튀김

준비할 재료 4인

가지 2개
치킨튀김가루 4큰술
물 4큰술
식용유 적당량
치킨튀김가루(덧가루용) 1큰술
소금·후춧가루 조금씩
살사소스 적당량

요리하기

1 가지는 반으로 잘라 3cm 두께의 반달 모양으로 썬 뒤 소금과 후춧가루를 뿌려 밑간한다.

2 분량의 치킨튀김가루와 물을 섞어 튀김반죽을 만든다.

3 ①의 가지에 덧가루용 치킨튀김가루를 고루 묻힌 뒤 ②의 반죽을 입혀 170℃의 기름에 노릇하게 튀긴다. 살사소스를 곁들여 먹으면 맛있다.

가지에 튀김가루(덧가루)를 묻힐 때 이렇게 하면 너무나 간단해요. 비닐봉지에 한입 크기로 자른 가지와 튀김가루를 넣고 입구를 손으로 꽉 쥔 채 흔들어주기만 하면 끝~.

허브양념 훈제치킨바비큐

준비할 재료

닭 1마리
바질가루·카레가루 2작은술씩
소금 1/2큰술
후춧가루 1작은술

요리하기

1 닭은 내장을 제거하고 손질하여 배 쪽을 갈라 펼친 뒤 소금, 후춧가루, 바질가루, 카레가루를 고루 뿌려 냉장고에서 하루 정도 재운다.

2 190℃로 예열된 콥그릴에 양념한 닭을 넣고 1시간 정도 굽는다.

콥그릴이 없는 경우에는 더치오븐을 이용하거나 직화로 구워내는 방법으로 대체해도 좋아요. 닭은 손질한 것을 구입하면 간편하겠죠? 양념으로 재울 때는 양념을 고루 뿌린 뒤 닭고기에 양념이 잘 밸 수 있도록 손으로 살살 문지르며 눌러주세요.

"

토마토바지락찜

바지락 1봉지, 방울토마토 10
개, 마늘 4쪽, 올리브오일 2큰
술, 화이트와인(또는 청주) 3큰
술, 바질가루 조금

요리하기

1 바지락은 옅은 소금물에 해감한 뒤 박박 문질러 씻는다. 마늘은 칼 뒷부분으로 두드려 살짝 으깨고 방울 토마토는 꼭지를 뗀다.

2 더치오븐에 마늘, 바지락, 바질가루, 방울토마토, 화이트와인, 올리브오일 순으로 넣고 뚜껑을 덮어 10분간 끓인다.

3 다 익으면 뚜껑을 열고 고루 섞는다.

토마토바지락찜을 만들어 먹고 남은 국물에 삶은 쇼트 파스타(기다란 면이 아닌 짧고 동글동글한 모양의 파스타 종류)를 넣어 끓이면 즉석에서 아이들 간식이 완성됩니다. 토마토바지락찜은 안주로도, 한 그릇 별미 요리로도 인기가 높아요.

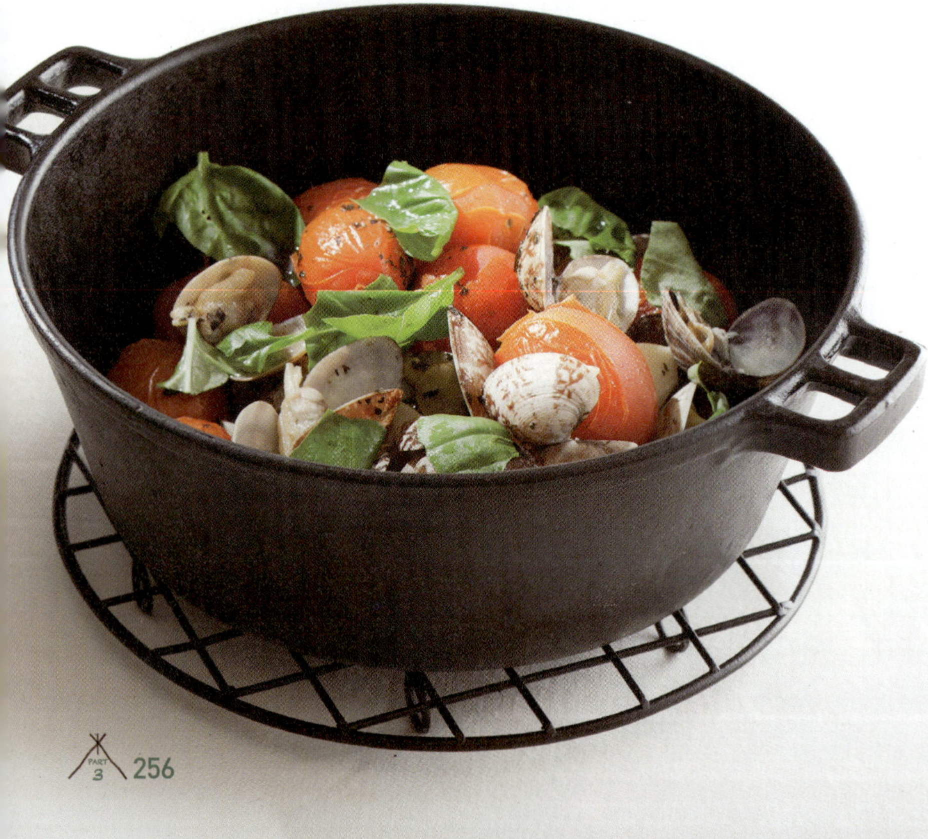

감자옥수수철판구이

준비할 재료  4인

감자 50g, 통조림옥수수 50g, 다진 양파·다진 피망 2큰술씩, 마요네즈 1큰술, 피자치즈 4큰술, 파슬리가루 조금

요리하기

1 감자는 사방 1cm 크기로 깍둑썰기하고 통조림옥수수는 국물을 따라내고 옥수수알만 준비한다.

2 철판에 마요네즈와 감자, 양파, 피망을 넣고 볶다가 익으면 옥수수알을 넣고 함께 볶는다.

3 ② 위에 피자치즈를 얹어 치즈가 녹으면 파슬리가루를 뿌린다.

> 캠핑장에서는 미리 정해진 재료 말고 현장에서 남은 재료를 활용해 만들면 더 실용적입니다. 철판구이에 감자, 양파, 피망 외에도 당근, 버섯, 브로콜리 등 요리하고 남은 재료를 다져 넣어보세요.

핫도그

준비할 재료 4인

핫도그빵 4개, 프랑크푸르트소시지 4개, 다진 피클·다진 양파 100g, 씨겨자소스 4큰술, 토마토케첩 8큰술, 올리브오일 4큰술, 소금 조금

요리하기

1 다진 양파는 소금을 살짝 뿌렸다가 물기를 꼭 짠 뒤 기름 두른 팬에 볶는다.

2 프랑크푸르트소시지는 어슷하게 칼집을 넣어 그릴에 굽는다. 빵은 길게 반 갈라 안쪽 면을 그릴에 굽는다.

3 빵 안쪽에 씨겨자소스를 바르고 볶은 양파, 다진 피클, 프랑크푸르트소시지, 토마토케첩을 순서대로 올려 핫도그를 완성한다.

데리야키 고추소스 닭날개튀김

준비할 재료

닭날개 20개, 연근 1/2개, 감자전분·밀가루 1/2컵씩, 식용유 적당량, 소금·후춧가루 조금씩

데리야키고추소스 마른 다시마(사방 10cm) 1장, 굵은 파(10cm) 1줄기, 양파 1/6개, 통후추 5알, 가쓰오부시 1줌, 마른 고추 2개, 간장·물 200ml씩, 미림 14큰술, 설탕 4큰술

요리하기

1 연근은 깨끗이 씻어 껍질째 1cm 두께로 썬다. 닭날개는 물에 한 번 헹궈 물기를 닦고 소금과 후춧가루로 가볍게 밑간한다.

2 냄비에 간장을 제외한 모든 데리야키소스 재료를 넣고 약한 불에서 15분간 끓이다가 간장을 넣고 15분간 더 끓인 뒤 불에서 내려 그대로 식힌다. 체에 거르면 데리야키고추소스가 완성된다.

3 감자전분과 밀가루를 섞어 닭날개와 연근에 고루 가볍게 묻힌다.

4 170℃로 달군 기름에 ③의 닭날개와 연근을 넣고 8분 정도 바삭하게 튀긴 뒤 소스를 바른다.

닭날개는 집에서 소금, 후춧가루 밑간을 해 밀폐용기에 담아가면 편해요! 데리야키고추소스도 집에서 미리 만들어가세요. 반드시 냉장 보관 상태로 가져가는 것도 잊지 마세요.

매콤오이비빔국수

준비할 재료

국수 4인분(400g)
오이·청양고추 2개씩

양념

고추장 6큰술
고춧가루 2큰술
다진 마늘 2작은술
양파(간 것) 4큰술
올리고당 4큰술
참기름 1큰술

요리하기

1 오이는 곱게 채 썰고 청양고추는 송송 썬다.

2 볼에 양념 재료를 모두 넣고 고루 섞는다.

3 국수는 삶아 건져 찬물에 헹궈 물기를 뺀다.

4 그릇에 국수와 오이, 청양고추를 담고 양념을 얹는다.

양념은 하루 전에 미리 만들어 밀폐용기에 담아가
세요. 간편할 뿐만 아니라 하루 동안 양념이 숙성되
어 맛이 더욱 깊어진답니다. 시간이 없다면 시중에
판매하는 비빔양념을 준비해도 좋아요!

모히토

애플민트 1줄기, 라임 1/4개, 라임주스 20*ml*, 럼 30*ml*, 소다수(맛과 향이 없는 것) 150*ml*, 얼음 적당량, 설탕 1작은술

요리하기

1　컵에 설탕과 애플민트, 라임주스를 넣고 아이스 음료용 머들러나 스푼으로 8~10회 정도 찧는다.

2　①에 얼음을 가득 넣고 럼과 소다수를 부어 위아래로 4~6회 저은 뒤 라임을 띄운다.

베리민트소다

탄산음료 500cc, 라즈베리·블루베리 10개씩, 민트잎 10장

요리하기

1　아이스큐브에 물을 붓고 베리와 민트잎을 각각 띄워 그대로 얼린다.

2　휴대용 물통에 탄산음료와 베리민트얼음을 넣고 함께 마신다.

베리나 민트잎을 물과 섞은 뒤 얼려 얼음을 만들면 매우 유용하게 사용할 수 있어요. 소다수나 주스에 넣거나 칵테일을 만들 때 넣어보세요. 여름 캠핑의 더위를 가시게 해줄 시원한 음료가 근사하게 완성됩니다.

송이버섯초밥

조개탕

간장양념닭모래집통마늘구이

달래양념버섯비빔밥

매콤미니양배추돼지고기볶음

태국식 파인애플볶음밥

떡볶이

오징어통구이

메이플버터사과구이

양미리양념구이

송이버섯초밥

준비할 재료 4인

송이버섯(또는 새송이버섯) 4개, 밥 4공기, 김밥용 김 1/2장, 데리야키소스 3큰술, 단촛물 6큰술
데리야키소스 간장 200ml, 물엿 100ml, 설탕 6큰술, 청주·미림 3큰술씩, 마른 고추 1개, 마른 표고버섯 1개, 굵은 파(10cm) 1줄기, 가쓰오부시 1줌
단촛물 마른 다시마(사방 5cm) 1장, 식초 1컵, 미림 1큰술, 설탕 6 큰술, 소금 2작은술

요리하기

1   냄비에 가쓰오부시를 제외한 데리야키소스 재료를 모두 넣고 끓이다 소스가 끓어오르면 가쓰오부시를 넣은 뒤 약한 불에서 15분간 졸여 불에서 내린다. 소스를 식힌 뒤 체에 거른다.

2   냄비에 단촛물 재료를 모두 넣고 끓여 단촛물을 만든 다음 식힌다.

3   밥에 단촛물을 넣어 섞는다.

4   송이버섯은 길이와 모양을 살려 0.3~0.4cm 두께로 얇게 썬 뒤 데리야키소스를 발라가며 굽는다.

5   ③의 초밥을 먹기 좋은 크기로 빚은 뒤 ④의 송이버섯을 한 장씩 얹고 김을 잘게 잘라 얹는다.

단촛물은 유부초밥을 만들 때 사용하는 시판 단촛물을 사용해도 됩니다. 데리야키소스도 만들기 번거롭다면 마트에서 구입해 간편하게 사용하세요.

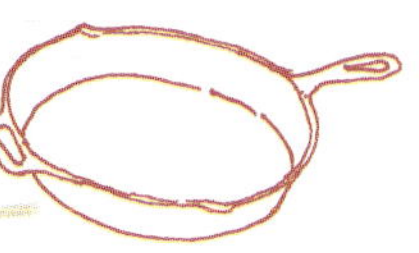

조개탕

준비할 재료 4인

가리비 10개
백합·바지락·모시조개 100g씩
마늘 5쪽
마른 고추 2개
화이트와인 50ml
물 1l
소금 조금

요리하기

1 조개는 옅은 소금물에 1시간 정도 담가 해감한 뒤 깨끗이 씻는다.

2 냄비에 ①의 조개와 마늘, 마른 고추, 화이트와인, 물을 붓고 조개가 입을 벌릴 때까지 끓인다.

3 소금으로 간을 맞춘다.

조개는 미리 해감해 흐르는 물에 씻은 뒤 비닐봉지나 지퍼백에 넣어가면 편해요. 조개국물을 남겼다가 밤참 라면 끓일 때 넣어보세요. 국물이 시원해 색다른 맛으로 즐길 수 있어요.

간장양념 닭모래집 통마늘구이

준비할 재료 4인

닭모래집 200g, 마늘 11쪽, 데리야키소스 4큰술, 식용유 적당량, 후춧가루 조금

데리야키소스 간장 200*ml*, 물엿 100*ml*, 설탕 6큰술, 청주·미림 3큰술씩, 마른 고추 1개, 마른 표고버섯 1개, 굵은 파(10cm) 1줄기, 가쓰오부시 1줌

요리하기

1 냄비에 가쓰오부시를 제외한 데리야키소스 재료를 모두 넣고 끓이다 소스가 끓어오르면 가쓰오부시를 넣은 뒤 약한 불에서 15분간 졸여 불에서 내린다. 소스를 식힌 뒤 체에 거른다.

2 닭모래집은 깨끗이 씻어 한입 크기로 썬다.

3 팬에 식용유를 두르고 마늘을 넣어 볶다가 향이 나면 닭모래집을 넣고 볶는다.

4 마늘과 닭모래집이 익으면 데리야키소스를 넣고 약한 불에서 윤기 나게 조린다.

달래양념버섯비빔밥

준비할 재료

밥 2공기
팽이버섯 50g
새송이버섯 1개
마른 표고버섯 2개
참기름 1큰술

달래양념장

달래 5줄기
간장 1큰술
고춧가루·통깨 1작은술씩

요리하기

1 마른 표고버섯은 물에 불려 0.5cm 두께로 채 썰고 새송이버섯은 반으로 잘라 도톰하게 채 썬다. 팽이버섯은 밑동을 자르고 가닥을 나눈다.

2 더치오븐에 참기름을 두르고 버섯을 넣어 볶는다.

3 달래양념장 재료 중 달래는 1cm 길이로 썰어 나머지 재료와 함께 고루 섞는다.

4 더치오븐이 뚜껑과 솥 양쪽으로 나뉘어 양쪽 모두 음식을 담을 수 있는 형태라면 ②의 나머지 한쪽 더치오븐에 밥을 담아 약한 불에서 따뜻하게 데운다. 더치오븐의 여분이 없으면 일반 코펠을 이용해 밥을 데운다.

5 따뜻하게 데운 밥을 버섯볶음, 달래양념장과 함께 낸다.

매콤미니양배추 돼지고기볶음

준비할 재료 (4인)

미니양배추 10개, 노랑파프리카·빨강파프리카·양파 1/2개씩, 마른 고추 4개, 돼지고기(잡채용) 100g, 마늘 5쪽, 토르티야 4장, 포도씨유 2큰술, 고추기름 1/2큰술, 해선장 3큰술, 소금·후춧가루 조금씩

요리하기

1 미니양배추는 반으로 잘라 끓는 물에 살짝 데친 뒤 건져 물기를 뺀다.

2 파프리카는 각각 0.5cm 두께로 썰고 양파는 결을 살려 굵게 채 썰고 마늘은 얇게 저민다.

3 팬에 포도씨유와 고추기름을 두르고 마늘과 마른 고추를 넣어 중간 불에서 볶아 향을 낸 뒤 준비한 채소와 돼지고기를 넣어 센 불에서 볶는다. 소금, 후춧가루로 간을 하고 해선장과 고추기름을 넣어 마무리한다.

4 그릇에 ③을 담고 살짝 구운 토르티야를 곁들인다.

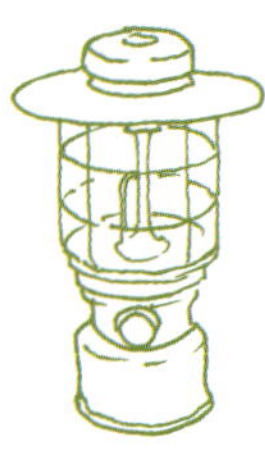

태국식 파인애플볶음밥

준비할 재료 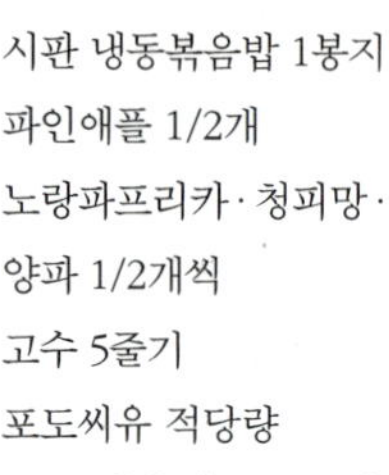

시판 냉동볶음밥 1봉지
파인애플 1/2개
노랑파프리카·청피망·
양파 1/2개씩
고수 5줄기
포도씨유 적당량
소금·후춧가루 조금씩

요리하기

1 파인애플은 껍질째 준비해 반 가른 뒤 속의 과육을 파낸다. 과육은 한입 크기로 썬다.

2 피망과 파프리카, 양파는 사방 0.7cm 크기로 다진다.

3 팬에 포도씨유를 두르고 냉동볶음밥, 양파, 피망, 파프리카, 파인애플 과육을 넣어 볶다가 소금, 후춧가루로 간한다.

4 ①의 파인애플 껍질에 볶음밥을 담고 송송 썬 고수를 얹는다. 고수는 기호에 따라 가감하도록 한다.

볶음밥에 사용하고 남은 파인애플은
아이들 후식으로 그만이에요~.

떡볶이

준비할 재료 (4인)

시판 떡볶이(풀무원 매운떡볶이) 1봉지, 브로콜리 100g, 당근 1/4개, 양파·노랑파프리카·청피망 1/2개씩, 굵은 파 1/2줄기, 새우 5마리, 오징어 1/2마리, 물 300ml

요리하기

1 양파, 피망, 파프리카는 굵게 채 썰고 당근은 반달 모양으로 썬다. 굵은 파는 송송 썰고 브로콜리는 먹기 좋은 크기로 썬다.

2 새우는 등 쪽 마디 사이로 이쑤시개를 꽂아 내장을 뺀다. 오징어는 내장을 제거하고 손질한 뒤 껍질을 벗겨 1cm 두께의 링 모양으로 썬다.

3 팬에 ①의 채소들을 넣고 물과 시판 떡볶이 속 떡볶이소스를 붓고 끓인다.

4 ③이 끓으면 새우와 오징어, 떡을 넣고 고루 섞어가며 익힌다.

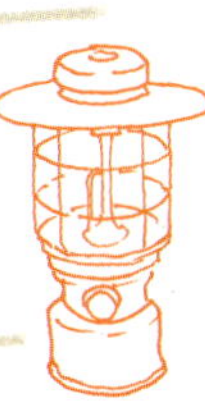

떡볶이를 다 먹고 남은 양념을 그냥 버리기엔 너무 아깝죠? 이럴 땐 볶음밥양념으로 활용하세요. 매콤한 양념에 밥을 볶고 김가루를 솔솔 뿌리면 자꾸 손이 가는 별미 볶음밥이 됩니다.

오징어통구이

오징어 2마리
쪽파 4줄기
데리야키소스 8큰술
포도씨유 적당량
시치미 조금

요리하기

1 오징어는 내장을 제거하고 몸통에 칼집을 넣는다. 다리는 떼어 손질한다.

2 달군 팬에 포도씨유를 두르고 오징어를 올려 양면이 노릇해지도록 굽는다.

3 다 구워지면 데리야키소스를 넣고 오징어를 굴려가며 조린다.

4 마지막에 시치미를 살짝 뿌린다.

미리 오징어 내장을 제거하고 칼집을 넣어 준비해가면 캠핑장에서 초간단 이색 요리로 이만 한 게 없어요. 술안주로도, 아이들 간식으로도 인기 많은 메뉴랍니다.

메이플버터사과구이

사과 1개
버터·설탕·메이플시럽 1큰술씩
시나몬파우더 1/4작은술

요리하기

1 사과는 껍질째 먹을 수 있도록 깨끗하게 씻는다.

2 사과를 8등분하여 씨를 제거한 뒤 더치오븐에 사과 모양대로 넣는다. 버터와 설탕, 시나몬파우더를 함께 넣고 중간 불에 올려 데운다.

3 끓기 시작하면 약한 불로 줄여 30분간 조리다가 마지막에 메이플시럽을 뿌려 낸다.

양미리양념구이

준비할 재료 4인

양미리 16마리
포도씨유 적당량

양념

고추장 3큰술
물엿·청주·미림 1큰술씩
설탕 1큰술
다진 마늘 1작은술
참기름 1작은술

요리하기

1 볼에 양념 재료를 모두 넣고 고루 섞는다.

2 팬에 포도씨유를 두르고 양미리를 통째로 올려 굽는다.

3 양미리가 노릇하게 익으면 양념을 발라가며 굽는다.

통째로 구운 양미리는 왠지 운치가 있어요. 리얼 야생에서 캠핑을 하고 있다는 기분을 팍! 팍! 느끼게 해주지요. 이 요리 맛의 비결은 고추장으로 만든 양념인데, 집에서 양념을 미리 만들어 가져가면 숙성되어 맛이 깊어지고 요리하기도 한결 간편합니다.

겨울

전복라면

홍합짬뽕우동

곤드레솥밥

도미밥

주먹밥구이

굴무밥

폰즈소스 곁들인 석화

김치찌개

매콤어묵떡볶이

배추샐러드

컵수프파스타

간편 동파육과 꽃빵

호떡믹스납작피자

전복라면

전복 1마리, 라면 1개, 청양고추 1/2개, 콩나물 40g, 마늘 6쪽, 마른 다시마(사방 10cm) 2장, 라면수프 1봉지, 두반장 1작은술, 물 2*l*

요리하기

1 전복은 껍질을 솔로 박박 문질러 씻는다. 청양고추는 송송 썰고 마늘은 칼로 두드린다. 콩나물은 흐르는 물에 2~3번 씻어 건진다.

2 냄비에 분량의 물과 다시마를 넣고 끓이다가 라면수프와 전복, 라면, 청양고추, 마늘, 콩나물을 넣고 뚜껑을 덮어 3분간 끓인다.

홍합짬뽕우동

우동 면 2개, 홍합 500g, 오징어 1마리, 양파 1개, 굵은 파 1/2줄기, 물 1*l*
양념 고춧가루 3큰술, 다진 마늘 2큰술, 고추기름 2큰술, 소금 1작은술, 후춧가루 1/2작은술

홍합은 껍질에 붙은 이물질을 제거하고 깨끗이 닦아 지퍼백에 담아가세요.

요리하기

1 오징어는 내장을 제거하고 껍질을 벗긴 뒤 격자로 칼집을 넣어 한입 크기로 썬다. 양파는 결을 살려 굵게 채 썰고 굵은 파는 어슷하게 썬다. 우동 면은 데친다.

2 냄비에 고추기름을 두르고 오징어, 다진 마늘, 양파를 넣어 센 불에서 후다닥 볶는다.

3 ②에 홍합과 분량의 물을 넣고 센 불에서 홍합이 입을 벌릴 때까지 끓인다.

4 데친 우동 면을 넣고 파, 소금, 후춧가루로 간을 한 뒤 한소끔 끓인다.

곤드레솥밥

 **준비할 재료** 4인

쌀 1½컵
곤드레나물 50g
물 400㎖
들기름 1작은술
소금·후춧가루 조금씩

요리하기

1 곤드레나물은 하루 전날 충분히 불려 씻은 뒤 들기름을 두른 팬에 볶아 소금, 후춧가루로 간한다.

2 쌀은 씻어 체에 밭친 채로 30분 정도 불린다.

3 냄비 또는 더치오븐에 불린 쌀과 물을 부어 밥물을 맞춘 뒤 볶은 곤드레나물을 올려 밥을 안친다.

4 밥물이 끓으면 약한 불에서 15분간 익힌 뒤 불을 끄고 10분간 뜸을 들여 고루 섞는다.

곤드레나물은 넉넉한 시간 동안 불려 볶아야 하니 집에서 미리 준비하는 게 좋아요. 볶은 나물은 밀폐용기나 지퍼백 등에 담아 가져가세요.

일본에서는 길한 날 먹는다고 하는 도미밥이에요. 도
미 한 마리를 통째로 넣고 가쓰오부시육수로 맛을
내 풍미가 끝내줍니다! 집에서도 자주 해 먹기 어려
운 요리지만 오히려 캠핑장에서의 별미로 해볼 만
하지요. 코펠 냄비 속 밥 위에 큼직한 도미가 올라가
있으니 먹음직스러워요. 아이들과 함께 살을 발라가
며 먹는 재미도 쏠쏠합니다.

도미밥

준비할 재료 

도미 1마리, 쌀 1½컵, 쪽파 5줄기, 다시마(사방 10cm) 1장, 물 1½컵, 포도씨유 적당량, 소금·후춧가루 조금씩

요리하기

1 쌀은 씻어 30분 정도 불리고 쪽파는 송송 썬다.

2 도미는 칼집을 넣어 소금, 후춧가루로 간한 뒤 포도씨유를 두른 팬에 앞뒤로 노릇하게 굽는다.

3 냄비에 쌀과 분량의 물, 다시마를 넣고 도미를 얹어 밥을 안친다.

4 밥물이 끓어오르면 약한 불로 줄여 12분 정도 익힌 뒤 불을 끄고 10분간 뜸을 들인다. 뚜껑을 열고 송송 썬 쪽파를 얹는다.

주먹밥구이

밥 4공기
멸치볶음 1/2컵
김자반 2줌
참기름 1큰술
데리야키소스 6큰술
소금 조금

요리하기

1 큼직한 볼에 밥과 멸치볶음, 김자반, 소금, 참기름을 넣어 고루 섞는다.

2 밥을 넉넉히 떠서 동글납작하게 빚은 뒤 프라이팬에 올려 양면이 노릇해지도록 굽는다.

3 다 구워지면 데리야키소스를 양면에 발라 다시 한 번 굽는다.

멸치볶음이나 김자반 외에 다른 밑반찬을 활용해도 좋아요. 김치볶음을 잘게 다져 넣어도 좋고 통조림참치, 후리가케(밥에 뿌려 먹는 가루) 등도 좋은 재료가 됩니다. 겨울날 캠핑장에서 팬에 따뜻하게 구워 먹으면 속이 훈훈해지겠죠?

굴무밥

준비할 재료

굴 200g, 무 150g, 쌀 3컵, 마른 다시마(사방 10cm) 1장, 물 3컵

양념장 간장 3큰술, 다진 파·다진 마늘 1작은술씩, 들기름 1큰술, 깨소금 1작은술

요리하기

1 쌀은 씻어 30분간 불리고 굴은 소금물에 흔들어 씻는다. 마른 다시마는 표면의 흰 가루를 닦고 무는 굵게 채 썬다.

2 볼에 양념장 재료를 넣고 고루 섞는다.

3 더치오븐에 불린 쌀을 넣고 밥물을 맞춘 뒤 다시마, 무, 굴 순서대로 올린다.

4 센 불에서 팔팔 끓기 시작하면 제일 약한 불로 줄이고 뚜껑을 덮은 뒤 뚜껑 위에 큼직한 돌을 하나 올려놓는다. 17분이 지나면 불을 끄고 8분간 뜸을 들인다.

5 밥과 재료를 가볍게 섞은 뒤 양념장을 곁들여 낸다.

굴은 소금물에 살짝 씻어 물기를 뺀 뒤 지퍼백에 담아가세요. 밥 지을 때 바로 꺼내 넣으면 됩니다. 쿨러에 넣어 가져가면 캠핑장에서도 신선한 상태를 유지합니다.

폰즈소스 곁들인 석화

준비할 재료

석화 12마리

마른 미역 3줄기

쪽파 2줄기

레몬 1/2개

무즙 6큰술

폰즈소스

간장 4큰술

레몬즙 2큰술

식초 1큰술

가쓰오부시육수 4큰술

미림 1큰술

설탕 2작은술

요리하기

1 마른 미역은 물에 불려 3cm 길이로 썰고 쪽파는 송송 썬다. 레몬은 8등분한다.

2 냄비에 폰즈소스 재료를 모두 넣고 끓여 식힌다.

3 석화에 미역, 무즙, 쪽파를 얹고 폰즈소스를 뿌리거나 레몬을 곁들여 낸다.

폰즈소스는 캠핑장에서 만들면 번거로우니 집에서 만들어 밀폐용기에 담아 냉장고에 두었다 가져가세요. 석화는 신선도가 중요하니 얼음과 함께 쿨러에 넣어 차갑게 가져가야 해요. 캠핑장 근처에 수산시장이나 마트가 있다면 현지에서 구입하는 것도 좋은 방법입니다.

김치찌개

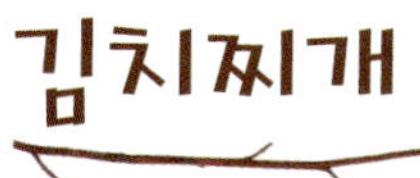

준비할 재료

김장김치 600g, 굵은 파 1줄기, 멸치육수 1ℓ, 식용유 2큰술, 다진 마늘 1
작은술, 고춧가루 1큰술, 후춧가루 1/2작은술
멸치육수 물 100㎖, 마른 다시마(사방 5cm) 4장, 국물용 멸치 40마리

요리하기

1 국물용 멸치는 대가리와 내장을 제거하고 마른 팬에 볶은 뒤
나머지 멸치육수 재료와 함께 냄비에 넣고 20분 정도 끓여 면포
에 거른다.

2 김치는 5cm 길이로 썰고 굵은 파는 어슷하게 썬다.

3 냄비에 식용유를 두르고 김치, 다진 마늘, 고춧가루, 후춧가루
를 넣어 달달 볶는다.

4 ③에 분량의 멸치육수를 붓고 끓여 김치가 무르게 익으면 파
를 넣고 한소끔 끓인다.

추운 겨울 얼큰한 김치찌개는 수많
은 캠퍼들의 사랑을 독차지하는 메뉴
지요. 김장김치로 끓여야 제대로 맛
이 나요. 라면을 넣으면 아이들이 좋
아하고, 데우면 데울수록 맛이 깊어
지니 소주 한잔 곁들여 밤새 이야기
나누며 먹기에도 좋아요. 멸치육수는
집에서 미리 만들어가세요.

매콤어묵떡볶이

준비할 재료 4인

떡볶이떡 30개, 어묵 4장, 굵은 파 1 줄기, 양파 100g, 당근 50g
양념 고추장 100g, 물엿 2큰술, 멸치 육수 400㎖, 다진 마늘 2작은술, 고 춧가루 2큰술
멸치육수 물 600㎖, 마른 다시마(사방 5cm) 2장, 국물용 멸치 20마리

요리하기

1 국물용 멸치는 대가리와 내장을 제거하고 마른 팬에 볶은 뒤 나머지 멸치육수 재료와 함께 냄비에 넣고 20분 정도 끓여 면포에 거른다. 국물용 멸치는 미리 볶아 냉동실에 보관하면 편하다.

2 양파는 결을 살려 굵게 채 썰고 당근은 나박썰기한다.

3 어묵은 한입 크기로 썰고 굵은 파는 어슷하게 썬다.

4 오목한 팬에 양념 재료와 양파, 당근을 넣고 끓이다가 떡과 어묵을 넣고 끓인다.

5 떡이 익으면 파를 넣고 한소끔 더 끓인다.

캠핑장에서 다용도로 활용하는 널찍한 사각 철판 팬에 만들어도 좋아요. 여러 가족이 눌러 앉아 먹을 때 많은 양을 요리하기도 편하고 철판에 끓여가며 먹는 떡볶이는 왠지 캠핑의 낭만에 젖게 합니다. 멸치육수는 집에서 미리 만들어 가세요.

배추샐러드

준비할 재료 4인

배추속대 1/4포기, 청·홍고추 1개씩, 마른 새우 30g

드레싱 마른 고추 1개, 저민 마늘 1개 분량, 남플라 1큰술, 식초 2큰술, 설탕 2큰술

요리하기

1 배추속대는 잎을 한 장씩 떼어 흐르는 물에 깨끗이 씻고 고추는 송송 썬다.

2 볼에 드레싱 재료를 모두 넣고 고루 섞은 뒤 마른 새우를 넣어 함께 섞는다.

3 그릇에 배춧잎을 담고 송송 썬 고추와 ②를 고루 뿌린다.

컵수프파스타

준비할 재료 1인

파스타(리가토니) 50g, 시판 크림수프(보노 포타주 크림수프) 1봉지, 뜨거운 물 100㎖, 소금 1작은술

요리하기

1 끓는 물에 소금을 넣은 뒤 리가토니를 넣고 10분 정도 삶는다.

2 컵이나 캠핑용 볼에 크림수프와 뜨거운 물을 붓고 잘 저어 섞는다.

3 ②에 삶은 리가토니를 넣고 섞는다.

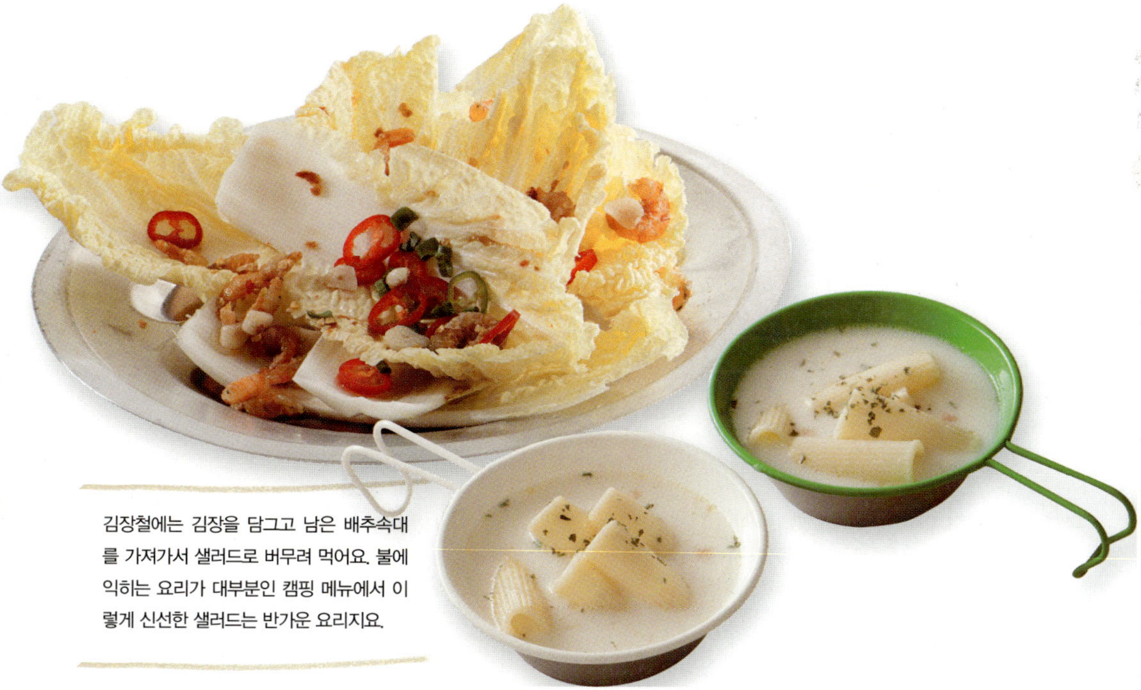

김장철에는 김장을 담그고 남은 배추속대를 가져가서 샐러드로 버무려 먹어요. 불에 익히는 요리가 대부분인 캠핑 메뉴에서 이렇게 신선한 샐러드는 반가운 요리지요.

간편 동파육과 꽃빵

돼지고기(삼겹살) 500g, 꽃빵 4개, 고
수 5줄기, 마른 고추 2개, 노두유 3
큰술, 올리고당 1큰술, 간장 2큰술,
소금·후춧가루 조금씩

동파육은 더치오븐으로 만들어야 제맛
이에요! 고기를 썰어서 굽기 때문에 요
리 시간이 단축됩니다. 찜기까지 준비하
기 어려우니 꽃빵은 집에서 미리 쪄서
지퍼백에 넣고 밀봉하여 가져가세요.

요리하기

1 삼겹살은 도톰하게 썰어 소금, 후춧가루로 간한 뒤 뜨겁게 달
군 팬에 넣어 양면을 노릇하게 굽는다.

2 더치오븐에 구운 삼겹살과 노두유, 간장, 올리고당, 마른 고추
를 넣고 뚜껑을 닫아 갈색이 나도록 조려 동파육을 만든다.

3 꽃빵은 찜기에 넣고 찐다.

4 그릇에 동파육과 꽃빵을 담고 고수를 얹는다.

호떡믹스납작피자

호떡믹스 1봉지, 물 140*ml*, 아몬드(다진 것) 1큰술, 식용유 적당량

요리하기

1 큼직한 볼에 호떡믹스 1봉지(호떡믹스에 들어 있는 소 제외)와 분량의 물을 넣고 섞어 반죽을 만든다. 반죽을 밀대나 음료수 병 등으로 얇게 민다.

2 달군 프라이팬에 기름을 두르고 반죽을 올려 노릇하게 굽는다.

3 작은 냄비나 프라이팬에 호떡믹스 소 1봉지를 붓고 끓이다 설탕이 녹으면 ② 위에 붓고 다진 아몬드를 뿌려 납작피자를 완성한다.

다진 아몬드 대신 바나나를 얇게 슬라이스해 올려 먹어도 맛있어요. 아이들과 함께라면 바나나를 준비해가세요!

아이들이 좋아하는 베스트 캠핑장

01 계곡이 있어 신나는 물놀이는 덤으로!

미천골자연휴양림

위치	강원도 양양군 서면 서림리 산89
캠핑장 규모	70사이트
이용요금	1박 기준 6,000원(데크 사이트)
예약	인터넷예약
홈페이지	http://www.huyang.go.kr
편의시설	수세식화장실, 샤워실 완비
기타 사항	연중 숯불 및 번개탄, 바비큐 시설을 이용한 취사행위 금지, 물놀이 할 수 있는 곳이 지정되어 있음
주변볼거리	오색약수터, 낙산해수욕장, 설악산국립공원, 오색오천, 통일전망대

중미산자연휴양림

위치	경기도 양평군 옥천면 신복리 산 201-8
캠핑장 규모	60~70사이트
이용요금	1박 기준 6,000원(데크 사이트)
예약	인터넷예약
홈페이지	http://www.huyang.go.kr
편의시설	수세식화장실, 샤워실 완비, 청결한 환경
주변볼거리	중미산 천문대, 청평호반, 유명산 자연휴양림, 용문산국민관광지, 양평레일바이크

국망봉자연휴양림

위치	경기도 포천시 이동면 장암리 산74
캠핑장 규모	2~3개의 데크, 야영장은 관리인의 안내를 받아야 됨
이용요금	1박 기준 30,000원(성수기 제외)
예약	인터넷예약
홈페이지	http://cafe.daum.net/hookmang
편의시설	수세식 화장실, 화장실 안에 샤워시설 갖춤, 순간온수기 이용 가능
기타사항	사유지로 캠핑장 카페 회원(다음)에 한해 소수정원제로 운영
주변볼거리	신로봉, 장암 저수지

일영무두리캠핑장

위치	경기도 양주시 장흥면 삼상리 28-14
캠핑장 규모	40사이트
이용요금	1박 기준 30,000원
예약	인터넷예약, 전화예약 (031-855-6102)
홈페이지	http://www.일영무두리캠핑장.kr
편의시설	수세식화장실, 샤워실 완비, 수영장 운영 (하절기)
기타사항	일영유원지내에 위치
주변볼거리	일영유원지

명지계곡유원지

위치	경기도 가평군 북면 도대리 명지계곡유원지
이용요금	1박 기준 15,000원
예약	선착순
홈페이지	없음
편의시설	수세식화장실, 샤워실 완비, 온수 불가능
주변볼거리	경기도에서 두번째로 높은 명지산, 뫼오름농원, 밤줍기

무지개서는마을

위치	경기도 가평군 북면 도대리 71
캠핑장 규모	90~100사이트
이용요금	1박 기준 30,000원
예약	선착순
홈페이지	없음
편의시설	전반적으로 시설들(화장실, 샤워실장)이 부족, 편의시설 신규 확충 오픈 예정
기타사항	밤 줍는 계절에 밤을 따려면 비용 지불

🔺 백운오토캠핑장(휴빌리지)

위치	경기도 포천시 이동면 도평리 105-1
캠핑장 규모	30~40사이트, 펜션 2동
이용요금	1박 기준 25,000원
예약	인터넷예약
홈페이지	http://cafe.daum.net/camping2010
편의시설	수세식화장실, 샤워실 완비, 24시간 온수 사용 가능
기타사항	글램핑을 즐길 수 있음
주변볼거리	백운계곡

🔺 천등산캠핑장

위치	충청북도 충주시 산척면 명서리 512-2번지
캠핑장 규모	60사이트
이용요금	1박 기준 30,000원
예약	인터넷예약
홈페이지	http://blog.naver.com/itsseoul
편의시설	수세식화장실, 샤워실완비, 매점
기타사항	카약(무료체험), 주변트래킹, 낚시 가능, 삼탄역을 이용해 트레인캠핑 가능(삼탄역에서 캠핑장까지 도보로 1~2분 소요)
주변볼거리	영화 '박하사탕'의 촬영지 삼탄역, 주포천 낚시

02 낙조가 좋아 운치 있는 태안반도로!

🔺 새만금오토캠핑장

위치	전라북도 군산시 옥도면 야미도리 167
캠핑장 규모	100사이트
이용요금	1박 기준 20,000원(성수기 제외), 몽골텐트 1박 기준 40,000원(성수기 제외)
예약	인터넷예약
홈페이지	http://www.smgcamping.com
편의시설	수세식화장실, 샤워실 완비, 청결한 환경
기타사항	전국에서 유일하게 일출과 일몰을 볼수 있는 곳, ATV, 자전거, 모터보트 대여 가능
주변볼거리	새만금방조제, 월명공원, 은파유원지, 고군산도(선유도), 부안격포 해수욕장, 금강철새조망대

🍁 해솔마을오토캠핑장

위치	경기도 화성시 서신면 백미리 산107-4
캠핑장 규모	50사이트
이용요금	1박 기준 25,000원
예약	인터넷예약
홈페이지	http://cafe.daum.net/SUNPINS
편의시설	수세식화장실, 샤워실 완비
주변볼거리	화성팔경이라고 하는 궁평낙조를 조망할수 있음, 궁평해수욕장(일몰부터 일출 전까지 해변은 출입금지)

🍁 학암포오토캠핑장

위치	충청남도 태안군 원북면 방갈리 515-79
캠핑장 규모	60~70사이트
이용요금	1박 기준 9,000원(성수기 제외)
예약	인터넷예약
홈페이지	http://taean.knps.or.kr
편의시설	수세식화장실, 샤워실 **이용요금** 별도(어른 1회 1,000원), 전기사용료 별도(2,000원)
주변볼거리	안면도 자연휴양림, 천리포수목원, 드라마 '장길'산과 '서동요' 촬영지

🍁 이포보오토캠핑장

위치	경기도 여주군 대신면 천서리 646-9
캠핑장 규모	60사이트
이용요금	무료 (시범 이용기간에는 **이용요금** 무료)
예약	인터넷예약
홈페이지	http://www.riverguide.go.kr
편의시설	수세식화장실, 샤워실 완비, 24시간 온수 사용 가능, 청결한 환경
주변볼거리	수변생태공원, 자전거도로

🍁 곰섬오토캠핑장

위치	충청남도 태안군 남면 신온리 903-34
캠핑장 규모	80사이트
이용요금	1박 기준 25,000원(성수기 제외), 방가로 50,000원(성수기 제외)
예약	인터넷예약
홈페이지	http://www.gomsem.co.kr
편의시설	수세식화장실, 샤워실 완비, 24시간 온수 사용 가능, 청결한 환경
주변볼거리	곰바위, 갯벌, 곰섬해수욕장

중미산자연휴양림(양평레일바이크)

위치	경기도 양평군 옥천면 신복리 산 201-8
캠핑장 규모	60~70사이트
이용요금	1박 기준 6,000원(데크 사이트)
예약	인터넷예약
홈페이지	http://www.huyang.go.kr
편의시설	수세식화장실, 샤워실 완비, 청결한 환경
주변볼거리	중미산 천문대, 청평호반, 유명산 자연휴양림, 용문산국민관광지, 양평레일바이크

명지계곡유원지(밤 줍기)

위치	경기도 가평군 북면 도대리 명지계곡유원지
이용요금	1박 기준 15,000원
예약	선착순
홈페이지	없음
편의시설	수세식화장실, 샤워실 완비, 온수 불가능
주변볼거리	경기도에서 두번째로 높은 명지산, 뫼오름농원

또올래캠핑장(가평레일바이크)

위치	경기도 가평군 북면 적목리 119-1
캠핑장 규모	160시이드
이용요금	1박 기준 30,000원
예약	전화예약
홈페이지	http://cafe.daum.net/ddoolleh/
편의시설	수세식화장실, 샤워실 완비, 24시간 온수 사용가능
기타사항	캠핑장내 매점 식당운영
주변볼거리	명지산단풍, 쁘띠프랑스, 구곡폭포, 남이섬, 아침고요수목원, 강촌유원지, 청평호반, 가평레일바이크

동해망상오토캠핑장(삼척해양레일바이크)

위치	강원도 동해시 망상동 393-39
캠핑장 규모	10사이트 , 카라반 12동
이용요금	1박 기준 22,000원(성수기 제외), 펜션 16동, 캐빈하우스 18동
예약	인터넷예약

홈페이지	http://www.campingkorea.or.kr
편의시설	수세식화장실, 샤워실 완비, 펜션지원, 캐빈하우스 지원
주변볼거리	동해 9경, 무릉계곡, 추암일출, 추암조각공원, 천곡천연동굴, 묵호항, 묵호등대, 삼척 해양레일바이크

🔸 자개골캠핑장(정선레이바이크)

위치	강원도 정선군 여량면 구절리 373-1
캠핑장 규모	25사이트
이용요금	1박 기준 30,000원(성수기 제외)
예약	인터넷예약
홈페이지	http://cafe.naver.com/jacamp1365
편의시설	수세식화장실, 샤워실 완비, 24시간 온수 사용 가능
주변볼거리	정선레일바이크, 정선화암동굴, 정선5일장, 구절리 오장폭포

🔸 무지개서는마을(밤 줍기)

위치	경기도 가평군 북면 도대리 71
캠핑장 규모	90~100사이트
이용요금	1박 기준 30,000원
예약	선착순
홈페이지	없음
편의시설	전반적으로 시설들(화장실, 샤워실장)이 부족, 편의시설 신규 확충 오픈 예정
기타사항	밤 줍는 계절에 밤을 따려면 비용 지불

🔸 푸름유원지오토캠핑장(밤 줍기)

위치	경기도 가평군 북면 제령리 197
캠핑장 규모	100사이트
이용요금	1박 기준 30,000원
예약	전화예약
홈페이지	http://gpgreen.co.kr
편의시설	수세식화장실, 샤워실 완비, 24시간 온수 사용가능, **캠핑장 규모에 비해 시설 부족**
기타사항	밤줍기 행사 9월 10일~10월 31일까지, 어른 1만원(3kg까지), 아이 6천원(1.5kg까지)
주변볼거리	화악산, 명지산, 남이섬

04 7번국도변을 따라 힐링 캠핑!

🏕 송지호오토캠핑장

위치	강원도 고성군 죽왕면 오봉리 169-2
캠핑장 규모	90사이트
이용요금	1박 기준 25,000원(성수기 제외)
예약	인터넷예약
홈페이지	http://camping.goseong.org
편의시설	수세식화장실, 샤워실 완비, 24시간 온수 사용가능
주변볼거리	송지호해수욕장, 송지호철새관망타워, 송지호, 통일전망대, 청간정(관동팔경중 하나)

🏕 봉수대오토캠핑장

위치	강원도 고성군 죽왕면 오호리 684
캠핑장 규모	210~220사이트
이용요금	1박 기준 30,000원 (성수기 제외)
예약	인터넷예약
홈페이지	http://www.bongsucamp.com
편의시설	수세식화장실, 샤워실 이용요금 별도 (어른 1회 2,000원)
주변볼거리	거진항, 건봉사(한국 4대 사찰중 한곳), 해양박물관, 통일전망대, 청간정(관동팔경중 하나)

🏕 속초 국민여가캠핑장

위치	강원노 속조시 조양동
캠핑장 규모	40사이트
이용요금	1박 기준 40,000원
예약	선착순
홈페이지	없음
편의시설	수세식화장실, 샤워실 이용요금 별도 (어른 1회 2,000원) 탈의장 이용요금 별도(1일 1,000원)
주변볼거리	속초해수욕장

🏕 양양오토캠핑장

위치	강원도 양양군 손양면 송전리 산1-5
캠핑장 규모	350사이트
이용요금	1박 기준 20,000원
예약	인터넷예약

홈페이지	http://www.camping.kr
편의시설	수세식화장실, 샤워실 완비, 장비대여
주변볼거리	양양8경, 수산항, 일현미술관, 오산리선사유적박물관, 오산해변

🔥 동해망상오토캠핑장

위치	강원도 동해시 망상동 393-39
캠핑장	규모 10사이트 , 카라반 12동
이용요금	1박 기준 22,000원(성수기 제외), 펜션 16동, 캐빈하우스 18동
예약	인터넷예약
홈페이지	http://www.campingkorea.or.kr
편의시설	수세식화장실, 샤워실 완비, 펜션지원, 캐빈하우스 지원
주변볼거리	동해 9경, 무릉계곡, 추암일출, 추암조각공원, 천곡천영동굴, 묵호항, 묵호등대, 삼척 해양레일바이크

🔥 아름다운캠프

위치	강원도 동해시 대진동 177-3
캠핑장 규모	33사이트
이용요금	1박 기준 30,000원
예약	인터넷예약
홈페이지	http://cafe.naver.com/beautifulcamp
편의시설	수세식화장실, 샤워실 완비, 24시간 온수 사용가능
주변볼거리	묵호항, 묵호항 수변공원, 어달해변, 망상해수욕장, 어달산 봉수대, 어달샘터, 삼척해 양레일바이크, 천곡동굴

자료 제공

라스트캠핑 www.lastcamping.com
더 즐거운 캠핑·아웃도어를 위한 전문포털서비스.
캠핑장 및 캠핑 용품에 관한 다양한 정보와 캠핑 후기를 통해 캠핑을 미리 맛볼 수 있는 곳.

아이가 즐거운 가족 캠핑의 모든 것

아빠, 캠핑 가요!

ⓒ손장군, 김정은, 2013

초판 1쇄 발행일 2013년 7월 1일
초판 2쇄 발행일 2013년 8월 15일

지은이 손장군, 김정은
펴낸이 윤은숙
책임편집 이희원 팀장
마케팅 석철호 나다연 도한나 황정아
제작 송세언

디자인 STUDIO 다운
사진 한정수(studio etc. 02-3442-1907)
교정교열 염현정
요리어시스트 이유미
제작 협조 풀무원, 타파웨어, HAN beef, 봉서원더시크릿가든

펴낸 곳 (주)느림보
등록일자 1997년 4월 17일
등록번호 제10-1432호
주소 경기도 파주시 회동길 198
전화 편집부 031-955-7383 영업부 031-955-7374
팩스 031-955-7393
홈페이지 www.nurimbo.co.kr

ISBN 978-89-5876-163-1 13980

※이 책의 글과 사진의 일부 또는 전부를 재사용하려면
반드시 저작권자와 (주)느림보 양측의 동의를 얻어야 합니다.

※책값은 뒤표지에 있습니다.

이 도서의 국립중앙도서관 출판시도서목록(CIP)은 e-CIP 홈페이지(http://www.nl.go.kr/
ecip)와 국가자료공동목록시스템(http://www.nl.go.kr/kolisnet)에서 이용하실 수 있습니다.
(CIP제어번호: CIP2013008887)

캬라멜 색소 無! 오징어 먹물을 넣어 더욱

진하고 고소한 '오징어짜장'

Pulmuone

집에서도 야외에서도 우리 가족 짜장라면은 '오징어짜장'
기름에 튀기지 않고 바람에 건조시켜 더욱 쫄깃한 생면에
첨가물 없이 자연재료로 맛을 내어 아이들과 함께 먹기에 더욱 좋습니다.

짜장 소스의 기본인 춘장이 원래는 검정색이 아닌
갈색이라는 사실! '오징어짜장' 은 춘장에
첨가되는 캬라멜 색소를 쏙 빼고 오징어 먹물과
100% 올리브유로 건강하게 맛을 낸 블랙푸드랍니다.
갓 잡은 생물 오징어를 동결 건조시킨 '선동 오징어'와
생라면 면발이 만나 씹는 맛도 일품입니다.

캬라멜
색소無

오징어
먹물

100%
올리브유

열량
380kcal